Elena Gotlib
Alevtina Rahmatullina
Phuong Ha Thi

Déchets de la production agricole

Elena Gotlib
Alevtina Rahmatullina
Phuong Ha Thi

Déchets de la production agricole

Matières premières prometteuses

Éditions universitaires européennes

Imprint
Any brand names and product names mentioned in this book are subject to trademark, brand or patent protection and are trademarks or registered trademarks of their respective holders. The use of brand names, product names, common names, trade names, product descriptions etc. even without a particular marking in this work is in no way to be construed to mean that such names may be regarded as unrestricted in respect of trademark and brand protection legislation and could thus be used by anyone.

Cover image: www.ingimage.com

Publisher:
Éditions universitaires européennes
is a trademark of
International Book Market Service Ltd., member of OmniScriptum Publishing Group
17 Meldrum Street, Beau Bassin 71504, Mauritius

Printed at: see last page
ISBN: 978-613-9-54093-8

Copyright © Elena Gotlib, Alevtina Rahmatullina, Phuong Ha Thi
Copyright © 2020 International Book Market Service Ltd., member of OmniScriptum Publishing Group

Cher lecteur,

le livre que vous tenez entre vos mains a été publié à l'origine sous le titre **"Отходы сельскохозяйственного производства - перспективное сырье", ISBN 9786139451531.**

Sa publication en français a été rendue possible grâce à l'utilisation de l'Intelligence Artificielle dans le domaine linguistique.

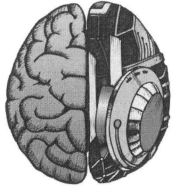

Cette technologie, qui a été récompensée par le premier prix honorifique d'Intelligence Artificielle à Berlin en septembre 2019, se rapproche au fonctionnement du cerveau humain. Elle est donc apte de capturer et de transmettre les plus infimes nuances d'une manière jamais atteinte auparavant.

Nous espérons que ce livre vous plaira et nous vous demandons de bien vouloir tenir compte de toute anomalie linguistique qui aurait pu survenir au cours de ce processus.

Bonne lecture à vous !

Éditions universitaires européennes

Gottlieb E.M.

La wollastonite est un caoutchouc efficace et un matériau composite basé sur les polymères linéaires et maillés : monographie / E.M. Gotlib, A.P. Rahmatullina, An Nguyen, Chan H.T., Phuong Ha, Ministère de l'Education et des Sciences de Russie, Kazan. National. Exploration. Techno. Oh-oh.

La monographie contient des informations sur les propriétés, les méthodes de production et les applications des déchets de produits agricoles. Ils sont considérés comme une matière première efficace pour l'industrie chimique - déchets de caoutchouc naturel (huile d'hévéa, composants non caoutchouteux), enveloppes de cultures céréalières : riz, millet et sarrasin, sous-produits de l'industrie de transformation de l'huile et des graisses et de la volaille - concentré de phospholipides et hydrolysat de protéines de kératine, ainsi que les déchets de la production d'huiles végétales.

Il s'adresse aux bacheliers et aux maîtres qui étudient dans les domaines de formation 18.03.01 et 18.04.01 "Technologie chimique", profil "Technologie et traitement des polymères", ainsi qu'aux étudiants diplômés et aux chercheurs qui occupent des matériaux.

Préparé au Département de la technologie du caoutchouc synthétique.

Gottlieb E.M., Rahmatullina A.P., An Nguyen, Chang H.T., Phuong Ha, 2019

Université technologique de recherche nationale de Kazan, 2019

VEUILLEZ NOTER

INTRODUCTION 7
CHAPITRE 1. CLASSIFICATION ET APPLICATIONS DES DÉCHETS AGRICOLES ... 11
CHAPITRE 2. COMPOSANTS NON CAOUTCHOUTEUX DU CAOUTCHOUC NATUREL - EN TANT QUE MATIÈRE PREMIÈRE VÉGÉTALE PROMETTEUSE POUR LA PRODUCTION DE BOUCHE 25
CHAPITRE 3. MODIFICATEURS POUR CAOUTCHOUC À BASE DE SOUS-PRODUITS DE MATIÈRES PREMIÈRES NATURELLES 38
    3.1 Concentré de phospholipides 38
    3.2 Hydrolysat de protéine de kératine 44
    3.3 Complexes protéino-lipidiques 48
CHAPITRE 4. MÉTHODES DE PRODUCTION, PROPRIÉTÉS ET APPLICATION DE L'HUILE DE CAOUTCHOUC - DÉCHETS DE CAOUTCHOUC NATUREL. 68
CHAPITRE 5. LES COQUES DE SARRASIN ET DE MILLET - DES MATIÈRES PREMIÈRES PROMETTEUSES POUR L'INDUSTRIE CHIMIQUE 142
CHAPITRE 6. POSSIBILITÉS D'UTILISATION DE LA BALLE DE RIZ DANS LA PRODUCTION CHIMIQUE 167
CHAPITRE 7. DÉCHETS D'HUILES VÉGÉTALES - DES MATIÈRES PREMIÈRES INNOVANTES ET RESPECTUEUSES DE L'ENVIRONNEMENT 192
CONCLUSION 201

Symboles et abréviations

APK	–	secteur agraire
PGA	–	polyhydroxyoxanoates
C	–	agricole
WSS	–	alcools gras supérieurs
SAB	–	tensioactifs
OZK	–	déchets de culture
WPC	–	compositions de polymères du bois
WG	–	enveloppes de sarrasin
OLP	–	déchets de battage du millet
OGS	–	déchets de meulage de sarrasin
PTR	–	indice de rendement à l'état fondu
PE	–	polyéthylène
PM	–	huile de tournesol
RM	–	huile de colza
MKD	–	huile de caoutchouc
PCM	–	composites polymères
ZG	–	retardateur de combustion
TXEF	–	Phosphate de tri-P-chloroéthyle
POM	–	diméthylacrylate de phosphore
CI	–	indice d'oxygène
ICS	–	spectroscopie infrarouge
NC	–	caoutchouc naturel
SYNC & CORRECTIONS PAR	–	acides gras libres
ESM	–	huile de soja époxy
EMP	–	beurre de palme époxy
EMKD	–	huile de caoutchouc époxy
GMDA	–	hexaméthylènediamine
SYNC	–	teneur en époxy
CCESM	–	cyclocarbonate époxy d'huile de soja
CEMQD	–	caoutchouc époxy cyclo carbonate
QR	–	résidu de cokéfaction
BLK	–	complexe protéino-lipidique
GKB	–	hydrolysat de protéine de kératine
QCM	–	concentration critique de la formation de micellose
CCN	–	éléments non caoutchouteux

Messe. heure.	–	pièce de masse
SAB	–	tensioactif
AU	–	charbons actifs
FLC	–	concentré de phospholipides
ROYAUME-UNI	–	caoutchouc de synthèse
SKI-3	–	caoutchouc isoprène synthétique
RTI	–	produits techniques du caoutchouc
OCD	–	dispersion ultrasonique
TFBA	–	tétrafluoroborate d'ammonium
PROTOCOLE D'ENTENTE	–	déchets de sarrasin modifié
IOP	–	déchets de millet modifié
RK	–	acide ricinoléique
$\overline{M}n$	–	masse moléculaire moyenne
$\overline{M}w$	–	masse moléculaire moyenne
$\overline{M}z$	–	masse moléculaire moyenne
$\overline{M}w/\overline{M}n$	–	distribution de masse moléculaire
ML, MN	–	couple minimum et couple maximum
t_s	–	temps de durcissement
$tc_{(90)}$	–	temps de durcissement optimal
Rv	–	vitesse de durcissement
I.C.	–	numéro d'inactivité
.	–	diamètre particulaire moyen
ξ	–	potentiel électrocinétique

INTRODUCTION

Actuellement, en raison du développement intensif de la production et de la croissance de l'impact anthropique de l'homme sur l'environnement, un problème grave qui perturbe le développement harmonieux de la biosphère est la formation d'un grand nombre de déchets différents, dont le stockage entraîne une pollution et, par conséquent, une utilisation irrationnelle des terres, crée des menaces réelles de pollution atmosphérique importante, entraîne une augmentation des coûts de transport et la perte irrévocable de matériaux et de substances de valeur.

L'un des défis mondiaux de notre époque est également la réduction de la base de ressources avec la croissance de la population de la planète, de sorte qu'une approche fondamentalement nouvelle de la technologie de transformation des matières premières naturelles est maintenant nécessaire. Ils devraient être économes en ressources, économes en énergie, intégrés, respectueux de l'environnement, réduisant au minimum les déchets ou sans déchets.

Dans le même temps, le traitement qualifié des déchets permet de libérer des terrains rares pour les décharges et les décharges, et réduit très sensiblement la pollution du milieu naturel. Par conséquent, le développement économique des pays industriellement développés, y compris la Russie, est une tâche de plus en plus importante d'utilisation rationnelle des ressources naturelles, y compris l'utilisation efficace des déchets des industries de gros tonnage dans l'activité économique.

La Fédération de Russie abrite 10 % des terres arables du monde.

Plus de 80 % des terres arables de Russie se trouvent dans la région centrale de la Volga, dans le Caucase du Nord, dans l'Oural et en Sibérie occidentale. Les principales cultures agricoles de la Fédération de Russie sont : les céréales, la betterave à sucre, le tournesol, les pommes de terre, le lin, le sarrasin, le millet [1].

cet égard, le développement de technologies de traitement des déchets agricoles qui n'ont pas de valeur alimentaire ou fourragère devient particulièrement pertinent.

La disponibilité d'une énorme quantité de déchets végétaux renouvelables annuellement représente une ressource hautement innovante pour la production d'une variété de produits utiles de la chimie de grand et petit volume [2].

Aujourd'hui, les questions de protection de l'environnement et de sécurité écologique prennent de plus en plus d'importance dans tous les pays du monde. Ces problèmes sont particulièrement aigus dans les pays où les industries sont en développement intensif et où le potentiel agronomique est important. La tâche consiste non seulement à développer des technologies efficaces pour prévenir l'écocide, mais aussi à créer des matériaux composites ayant un ensemble de propriétés donné pour leur mise en œuvre.

Selon le Ministère de l'Agriculture de Russie, plus de 770 millions de tonnes de déchets sont produits annuellement dans le complexe agro-industriel (AIC). Les entreprises du sous-complexe de transformation du complexe agro-industriel émettent annuellement environ 300 mille tonnes de polluants dans l'atmosphère [2].

L'épuisement des sources fossiles de matières premières, les changements climatiques défavorables, la croissance démographique, la pollution et d'autres facteurs exigent des mécanismes pour traiter ces problèmes et sont les principaux moteurs du développement d'une bioéconomie basée sur les matières premières renouvelables et leurs technologies de transformation [1].

Pour la Russie, la question du recyclage des déchets agricoles, qui augmente chaque année, est pertinente du fait que l'élimination et l'enfouissement irrationnels des déchets agricoles ont de graves conséquences environnementales, qui ont un impact négatif sur la poursuite de l'exploitation des sols [2].

L'amélioration de la situation environnementale dans le secteur agro-industriel peut être obtenue par des actions coordonnées des producteurs agricoles, des développeurs de technologies " vertes ", ainsi que par l'introduction de mécanismes et de méthodes de gestion environnementale dans la production.

Des programmes d'État ont été élaborés en vue d'introduire dans le secteur agricole des technologies modernes permettant d'économiser les ressources, de procéder à une transformation profonde des matières premières agricoles et alimentaires, de disposer de ressources en matières premières secondaires assurant une grande efficacité de la production, d'améliorer la qualité et de réduire le coût des produits.

Dans la loi fédérale "Sur les déchets de production et de consommation", dans les tâches fixées par le décret du Président de la Fédération de Russie du 4 juin 2008. "Sur certaines mesures visant à améliorer l'efficacité énergétique et environnementale de l'économie russe", a défini une stratégie pour traiter les questions environnementales à ce stade de développement du progrès scientifique et technologique.

La mise en œuvre du programme est liée à l'organisation d'une production écologique et sans déchets, à l'élargissement des possibilités de ressources au détriment de l'introduction de technologies d'économie d'énergie et de ressources, permettant une utilisation rationnelle des ressources en matières premières primaires, à la transformation complexe des ressources en matières premières secondaires avec leur transformation en nouveaux produits utiles avec la préservation maximale de l'équilibre des composants précieux des matières premières dans ceux-ci.

En même temps, il est possible d'obtenir des propriétés fonctionnelles des matériaux qui favorisent la substitution des importations et renforcent la position concurrentielle des producteurs nationaux sur les marchés mondiaux [3].

Une suite logique de l'introduction des "technologies vertes" est le développement de méthodes efficaces de traitement complexe des déchets agricoles qui n'ont aucune valeur alimentaire ou fourragère.

Les chercheurs accordent une attention particulière aux charges basées sur des déchets agricoles de plusieurs tonnes, qui constituent une ressource de matière première renouvelable, non toxique et bon marché, dotée de propriétés variées.

CHAPITRE 1. CLASSIFICATION ET APPLICATIONS DES DÉCHETS AGRICOLES

Le principe directeur de la loi russe " sur la protection de l'environnement " est d'assurer une combinaison scientifiquement fondée des intérêts environnementaux et économiques. La mise en œuvre de ce principe est facilitée par les normes fixant les normes de qualité de l'environnement, ainsi que les exigences environnementales applicables aux activités économiques et autres qui affectent l'environnement et le mécanisme permettant de satisfaire à ces exigences [4].

Le problème de la gestion des déchets agro-industriels comporte deux aspects interdépendants - *économique* et *environnemental*. Si la première est liée à l'expansion des opportunités de ressources du complexe agro-industriel et de l'industrie, la seconde - à la croissance continue de l'impact négatif des activités économiques sur l'environnement [5].

L'analyse du métabolisme industriel a montré que les systèmes agro-industriels sont principalement dispersés et ont donc des effets toxiques graves sur la nature. En même temps, la situation en matière d'utilisation qualifiée des déchets agricoles reste au niveau du développement scientifique et des industries à faible tonnage, bien qu'à tous les niveaux administratifs l'importance de leur utilisation comme matière première secondaire contenant des composants de valeur soit reconnue.

L'agriculture est une industrie à forte intensité de déchets. La production de produits agricoles de base est associée à une grande quantité de déchets. Le rendement du produit principal est parfois de 15 à 30 % de la masse de la matière première d'origine. Le reste, qui contient une quantité importante de substances de valeur, n'est pas utilisé dans ce processus de production et est transféré dans ce qu'on appelle les déchets de production, qui sont souvent des matières premières secondaires prometteuses.

Selon différentes sources [2], la quantité totale de déchets agricoles atteint 630-650 millions de tonnes. La plus grande partie des déchets incombe à l'industrie de l'élevage (56 %), la deuxième place est occupée par les déchets de production végétale (35,6 %).

Les industries de transformation représentent 4,7 % des déchets [2]. Par conséquent, l'implication de ces déchets de matières premières dans la production, pour leur réutilisation, dite recyclage, joue un rôle important.

Les déchets agricoles peuvent être classés selon les attributs suivants [5] :

- Par les sources d'éducation :

- Plantes potagères, par exemple tiges de céréales et de cultures industrielles, paniers et tiges de tournesol, feu de lin, tiges d'épi de maïs, mezzanine de pommes de terre, déchets de foin et d'ensilage, tourteaux de betteraves, gâteaux (farine), bardes de céréales et de pommes de terre, marc de raisin, etc ;

- Animaux - sang, os, lactosérum, lait écrémé, babeurre, fumier, etc ;

- Déchets minéraux - industrie du sel ;

- Chimie - production de déchets de détergents synthétiques, industrie de la parfumerie et des cosmétiques, etc ;

- Par branche : par exemple, dans l'industrie alimentaire et de transformation des aliments sur ce signe distinguer un gaspillage de sucre, huile et graisse, alcool, amidon, brassage, thé, tabac, céréales, fruits et légumes, concentré alimentaire, boulangerie, produits laitiers, industrie de la viande ;

- Par état global :

- Durs - paille, cosse de tournesol, cosse de coton, germes de malt, germe de maïs, graines de raisin et de fruits, os, graisse, laine, chaume, etc ;

- Pâteux - boues de filtration, fumier, mélasse, séparateurs de boues ; liquide - boues de sapeur, barde de mélasse, jus de cellules de pomme de terre, boues de levure, sang, lactosérum, lait écrémé, babeurre, etc ;

- Le gaz est le dioxyde de carbone de fermentation ;

- Sur les étapes technologiques de l'obtention :

- reçues lors de la première transformation des matières premières - tourteaux de betteraves, pépins de fruits, marc de pommes et de raisins, sang, os, laine, lait écrémé, etc ;

- Reçu au stade de la transformation secondaire des produits - mélasse raffinée, concentrés de phosphatides, argiles de blanchiment, mélasse, lactosérum de lait, etc ;

- Reçu lors du traitement industriel d'un déchet - mie de pierre, déchets de fabrication de concentrés alimentaires, filtrat de citrate de calcium, etc ;

- *Si possible, réutiliser sans modification :* mie, mariage, chutes de pain, boulangerie, farine, confiserie, pâtes, etc ;

- *Par l'intensité matérielle :*

- Multi-tonnage (conditionnellement plus de 100 mille tonnes par an) : paille, tourteaux de betteraves ; défécation, farine (tourteaux), mezga de pommes de terre et de maïs, etc. ; fumier, fientes de volaille, sang, matières premières contenant du collagène, lactosérum, babeurre, lait écrémé, etc ;

- Petits tonnages (conditionnellement jusqu'à 100 mille tonnes par an) - goudron, levure de bière résiduelle, déchets de tabac, etc ;

- *Par degré d'utilisation :*

- Entièrement utilisé - mélasse, pulpe de betterave, sang, os, lactosérum, lait écrémé, babeurre, etc.

- Partiellement utilisé - déféquer, dioxyde de carbone, jus de pomme de terre ; argile décolorante, boulettes de houblon, etc ;

- *Dans les domaines d'utilisation ultérieurs :*

- Pour la production de denrées alimentaires par transformation industrielle (comme matière première dans les industries alimentaires et de transformation) - mélasse, queues et betteraves " de combat ", concentrés de phosphatides, marc de pommes, germes de maïs, graines de fruits, sang, os, lactosérum, lait écrémé, babeurre.

- Pour utilisation dans l'industrie chimique ;

- Pour obtenir des matériaux de construction.

Les déchets agricoles peuvent être utilisés comme matière première pour la fabrication de produits techniques - paille, sciure, extrait de maïs, cosse de tournesol et de coton, gluten, copeaux de pierre, chaux de vin, os, laine, plume, etc.. ;

Les déchets de production végétale comprennent : les tiges de céréales et de cultures industrielles, les paniers et tiges de tournesol, le feu de lin, les tiges d'épi de maïs, les pommes de terre et les légumineuses, les déchets de foin d'ensilage, la paille, les résidus de chaume, etc.

Les déchets d'origine végétale sont d'origine multi-tonnage, à l'état agrégé ; ils sont solides, obtenus à partir de la transformation primaire des matières premières ; ils peuvent être entièrement utilisés à des fins fourragères, alimentaires et techniques et sont sans danger pour l'environnement ;

- Les déchets de l'industrie des graisses et des huiles sont classés selon le stade technologique de leur formation :

- Au stade du pressage et de l'extraction - les oléagineux sont formés de tourteaux, de farines, d'enveloppes ;

- Hydratation des concentrés d'huile - phosphatide ;

- Neutralisation ou raffinage alcalin - graisses grossières et solutions alcalines usées ;

- Blanchiment de l'huile - argiles de blanchiment ;

- Désodorisation des huiles et graisses végétales - sangles de désodorisation;

- L'hydrogénation des huiles et des graisses est un catalyseur utilisé ;

- Filtration des huiles - déchets en poudre.

IT IS IMPORTANT TO NOTE THAT IN TERMS OF ENVIRONMENTAL IMPACT, ALL WASTE FROM C IS CONSIDERED TO BE HARMLESS.

Les secteurs de production végétale du complexe agro-industriel russe produisent annuellement 150 mille tonnes de paille, 3 mille tonnes de balles de riz, de mil, de sarrasin, de tournesol, 1 mille tonnes de tiges de maïs, 100 mille tonnes de lin, 750 mille tonnes de colza et autres oléagineux, 350 mille tonnes de déchets de sorgho (jus, masse de tiges) [2].

La production de déchets végétaux est utilisée dans la bioénergie, la production de fourrage, comme litière pour les animaux de ferme, comme engrais et moyens de protection des sols, pour la production de matériaux de construction et d'isolation thermique, dans l'artisanat décoratif et appliqué, etc.

En raison de l'aggravation de la situation environnementale, la production d'emballages biodégradables à partir de biopolymères naturels se répand dans le monde. Les biopolymères les plus courants sont les polymères d'acide lactique - les polylactates. Les matières premières pour la production d'acide lactique sont le maïs, la canne à sucre, le riz, etc.

Les polymères d'acide lactique sont obtenus par fermentation d'hydrates de carbone végétaux - saccharose et hydrolysats d'amidon. Les polylactates ont de bonnes propriétés physiques et mécaniques : grande rigidité, transparence, lustre ; maintien de la forme du produit après flambage ou torsion (ce chiffre est supérieur de 50% par rapport aux plastiques traditionnels). Ils peuvent être traités sur des équipements conventionnels d'extrusion et de soufflage ; ils sont très respectueux de l'environnement (les émissions de dioxyde de carbone pour 1 tonne de biopolymère sont de 25 à 30 % inférieures à celles du polyéthylène linéaire basse densité).

Les coûts énergétiques de la production des biopolymères sont de 20 à 30 % inférieurs à ceux des plastiques synthétiques.

La base d'une autre classe de biopolymères est l'amidon dérivé de déchets de cultures céréalières, de pommes de terre, de maïs. Le premier producteur de biopolymères à base d'amidon est la société italienne "Novamont" (elle détient 50-60% du marché européen).

Les marques de biopolymères les plus courantes sont l'amidon Mater-Bi et Solanyl. Dans le compost, ce type de biopolymère se décompose en moins de 12 semaines, conformément aux normes européennes.

Les biopolymères de polyhydroxyoxanoate (PHA) sont classés comme des polyéthers aliphatiques à base d'acides hydroxycarboxyliques. Les plus célèbres développeurs et producteurs de biopolymères PGA sont les sociétés américaines Metabolix et Procter&Gamble.

Il s'agit de composés de polyester produits par divers microorganismes. Par exemple, le poly-3-hydroxybutyrate est un produit naturel de stockage d'énergie des bactéries et des algues et est présent dans le cytoplasme des cellules.

Les biopolymères PGA sont entièrement biodégradables, proches dans leurs propriétés opérationnelles des polymères synthétiques, bien traités sur les équipements existants, avec des modifications mineures. Cependant, à l'heure actuelle, ils sont très chers, ce qui entrave leur application pratique.

Des mélanges de polymères sont également utilisés, où un composant est synthétique et l'autre naturel. Le composant naturel fournit des compositions avec l'effet de biodégradation, synthétique - complexe nécessaire des propriétés opérationnelles et de consommation.

La matrice polymère est constituée de déchets de polyéthylène et de polypropylène dont la température de traitement ne dépasse pas 120-230°C afin d'exclure toute dégradation thermique de la charge [7].

Déchets végétaux : les grains de cosse (riz, sarrasin, millet) et le tournesol ; les mailles de pommes de terre et de maïs ; les betteraves à presser, etc. peuvent également être utilisés comme matières de charge. La taille de leurs particules ne devrait pas être inférieure à 100 µm et dépasser 450-500 µm. L'humidité des matières premières ne doit pas dépasser 10 %.

Le schéma de préparation des différents types de déchets végétaux pour l'obtention de compositions de polymères a été développé [8]. La technologie comprend les processus de séchage et d'élimination des impuretés métalliques et magnétiques pour éviter de réduire la qualité des produits.

Des compositions de formulation originales à base de mélanges de polymères synthétiques et d'additifs modificateurs avec différents rapports de composants ont été développées, ainsi que des modes technologiques d'obtention de produits par des méthodes de moulage par injection, d'extrusion et de pressage réunies sous la marque Biodem.

Les principales applications des matériaux biodégradables sont les contenants et emballages alimentaires, la vaisselle jetable, les sacs poubelles et les déchets organiques [9].

On connaît des exemples d'application des bioplastiques dans l'industrie automobile, pour la production de paillis biodégradables à des fins agricoles, etc.

Dans l'industrie de transformation des céréales, les matières premières secondaires et les déchets sont formés à la fois par le processus de purification des céréales à partir d'impuretés (produit de céréales fourragères, déchets de céréales, qui sont divisés en catégories en fonction de la teneur en céréales bénignes) et par leur transformation en produit final - farine, céréales (son, broyage de fourrage, balle, farine, embryon) [10].

Les ressources en matières premières secondaires de l'industrie de transformation des céréales : selon leur état d'agrégation, elles sont solides ; elles sont multi-tonnages et peuvent être entièrement recyclées.

En termes d'impact environnemental, ces déchets peuvent. Entraînent l'encrassement des sols (décharges) ou, en cas de nettoyage insuffisant des eaux d'aspiration et de lavage, la corrosion de l'air et la contamination de l'eau.

L'enveloppe de riz et de sarrasin, qui représente 10 à 12 % de tous les déchets de céréales, est une matière première relativement peu utilisée. Son utilisation pour la production de combustible solide et de matériaux de construction est connue.

Dans l'industrie des huiles et des graisses, la transformation des graines oléagineuses, la production d'huile végétale, de margarine et de mayonnaise génèrent également des sous-produits et des déchets : coques de tournesol, tourteaux, farines, concentrés de phosphatides, graisses de coapse, bandes de désodorisation, poudre et catalyseur de filtration usés, solutions de soude, goudron, eaux usées [11].

Une partie de ces déchets est utilisée dans la production de savons, d'olives, de mayonnaise, d'oléine, de stéarine et de glycérine.

Sur la quantité totale de déchets de l'industrie des huiles et des graisses, la part des tourteaux représente 35-37%, celle des farines - 40-42, celle des enveloppes 13-15% de tous les déchets, celle des saucisses - 5-7%.

Le principal type de déchet de cette industrie, partiellement utilisé à des fins techniques, est la balle de tournesol. Plus de 400 mille tonnes de pétrole sont produites annuellement dans les entreprises de production de pétrole.

L'écorce de tournesol est utilisée dans la fabrication de panneaux de construction, de matériaux d'isolation thermique, de panneaux plaqués pour l'industrie du meuble, comme combustible (1 kg d'écorce donne 3500-4300 kcal à la combustion) [12].

Les autres déchets de l'industrie des graisses et des huiles qui peuvent être utilisés à des fins techniques sont

- Acides gras de la pâte à savon utilisés dans la production de savon, dans la production d'acides oléique et stéarique, d'olive et autres.   La fraction massique de la matière grasse totale dans le sarrasin est d'au moins 25 % et les acides gras d'au moins 15 %.

- Argile blanchie - lors de la fabrication de pâte à savon ;

- Poudre - comme agent de flottation des minerais d'apatite, comme additifs tensioactifs dans les revêtements routiers, comme partie des fixations de coulée pour augmenter la résistance ;

- Sels de calcium d'acides gras - dans le savonnage, l'imprimerie, comme lubrifiants, dans la construction routière ;

- Résines polymères synthétiques - dans l'industrie de la peinture et de la chimie ;

- Acides gras et alcools monovalents - en tant que substitut au carburant diesel ;

- Esters d'alcool multiatomiques - comme huiles synthétiques et additifs aux huiles minérales pour divers usages ;

- Alcools gras élevés (HFA) - pour la synthèse de divers agents de surface (tensioactifs).

L'une des directions d'application efficace des déchets de l'industrie des huiles et des graisses à des fins techniques est la production de matériaux d'isolation thermique et de construction [13].

Il est connu que les planches de bois et les compositions de polymères peuvent être produites en utilisant l'écorce de tournesol comme charge [12].

La technologie de la production des plaques consiste à presser à chaud des particules de cosse mélangées à un liant - résine urée-formol durcie par du chlorure d'ammonium. La part en masse de l'écorce de tournesol dans la composition est de 80%. La presse est réalisée sur une presse hydraulique à action périodique à une température de 165°C et une pression de 175 kgf/cm2.

La teneur optimale en humidité de l'enveloppe est de 2,0 à 4,5 %. La durée de la pression - 6 minutes.

Un procédé pour obtenir des plaques avec l'utilisation d'un liant complexe à base de résine thermodurcissable et de polymère thermoplastique sous forme de latex a été développé [14]. La modification proposée des résines utilisées comme liant confère aux produits de construction de bonnes propriétés environnementales. Ainsi, la teneur en formaldéhyde libre dans une composition modifiée est 4 fois inférieure à celle des liants non modifiés. En même temps, les propriétés physiques et mécaniques des plaques pressées augmentent.

L'aérosil, une charge active, joue un rôle majeur dans la formulation de l'agent de liaison. Avec sa surface hydroxylée développée et ses micropores de contact, l'aérosil adsorbe le formaldéhyde résiduel, réduisant ainsi la toxicité des panneaux fabriqués.

Selon la technologie, l'enveloppe est séchée dans le séchoir à une humidité de 2-4% et mélangée dans un mélangeur avec un liant. La consommation de liant est de 12 % par résidu sec de balle absolument sèche, ce qui est presque 2 fois moins qu'avec d'autres technologies [5].

Le tapis est formé à partir du mélange à l'aide d'un cadre en bois. Après avoir été pressée dans une presse à froid, la lame est pressée dans une presse à chaud à une température de 150ºC et une pression de 17,5 MPa. La durée du processus est de 0,6 min/mm. Les panneaux prêts à l'emploi ont une épaisseur de 12 mm.

Les caractéristiques principales des planches fabriquées à partir d'écales de tournesol ne sont pas inférieures à celles des panneaux de particules traditionnels, elles se situent dans les limites des normes correspondant aux GOST. Ils peuvent être utilisés comme revêtement et matériau d'isolation thermique et acoustique dans la construction.

L'industrie des huiles et graisses usées trouve également des applications dans le domaine de la bioénergie. La balle, le gâteau et la farine de tournesol sont utilisés pour produire du combustible solide sous forme de pellets et de briquettes de combustible [15-17].

A partir d'huiles végétales usagées, on produit du biodiesel, ainsi que du carburant diesel mélangé. Le processus de production de biodiesel à partir d'huiles usées consiste en une purification préliminaire de l'huile des impuretés mécaniques [15,16].

D'autres déchets agricoles présentent également un intérêt pratique pour l'industrie chimique. Par exemple, les branches d'arbres fruitiers, la vigne, les tiges de maïs et la paille de colza conviennent pour l'obtention de furfurol et d'acide acétique de par leur composition chimique [17].

Lors de l'utilisation du procédé autocatalytique, l'hydrolyse de l'hémicellulose et la formation de furfurol se produisent sous l'influence de l'acide acétique formé par la scission des groupes acétyle, et forment de l'acide formique formé par la décomposition des hydrates de carbone. Dans ces conditions, la partie pulpeuse de la matière première n'est pratiquement pas détruite. En même temps, la lignine subit des changements importants : elle devient plus plastique. Les liens entre les fibres de cellulose sont considérablement affaiblis.

Le résidu de cellulose est facilement broyé pour produire une masse fibreuse adaptée aux panneaux de fibres de bois (FSB) par le procédé "sec" ou "humide".

Grâce à la lignine plastifiée, les panneaux peuvent être formés sans utiliser un liant supplémentaire. IN TERMS OF MECHANICAL PERFORMANCE, FIBREBOARD USING C IS ONLY 20-25% INFERIOR TO CONVENTIONAL WOOD-BASED PANELS. En même temps, la consommation d'énergie pour le broyage de la pâte de bois est de 5 à 7 fois moindre.

Lors du traitement des tiges de maïs et de la paille de colza pour obtenir des rendements élevés de furfurol et d'acide acétique, il est nécessaire d'utiliser un catalyseur plus actif - une solution à 2-5 % d'acide sulfurique. Dans ce cas, le rendement en furfurol atteint 72-86 kg pour 1 tonne de paille de maïs d'humidité naturelle et 44-50 kg lors de la transformation de la paille de colza.

De plus, vous pouvez obtenir 20-25 kg d'acide acétique commercial. La cellolignine, obtenue après hydrolyse des matières premières ci-dessus, a une surface développée et est adaptée à la production de briquettes de combustible, de pellets, de charbons actifs, de lignine thérapeutique, (polyfephane, lignosorb) et d'autres matériaux ayant une application pratique.

Une des directions possibles de l'utilisation des déchets agro-industriels pour obtenir de nouveaux matériaux fonctionnels aux propriétés spécifiques est la transformation des cultures de paille en charbons actifs (AC), qui sont utilisés avec succès dans diverses industries et dans l'agriculture [22].

En Russie, la consommation de paille dans l'agriculture comme aliment et litière pour les animaux, comme isolant thermique, matériau de toiture, comme source d'engrais et à d'autres fins a diminué de nombreuses fois en proportion de la réduction du cheptel, ainsi qu'en raison de l'émergence de nouvelles technologies dans l'élevage et la production agricole en général.

En même temps, le volume de la production de céréales augmente progressivement, de sorte que la production de paille est également en hausse (dans notre pays, pour l'année accumulée, plus de 100 millions de tonnes de céréales à paille et de cultures céréalières seulement). Il est nécessaire de trouver une solution rationnelle au problème de l'utilisation des déchets agricoles végétaux pour la production de produits utiles, puisqu'à l'heure actuelle, ils sont soit utilisés comme source de biocarburant [23], soit enfouis dans le sol comm e engrais supplémentaire.

La lignine obtenue à partir de la paille des cultures céréalières peut être utilisée comme vecteur d'énergie dans la production de briquettes de combustible et de gaz combustible avec la production d'électricité dans les générateurs de gaz à piston, ainsi que comme combustible de chaudière. Le pouvoir calorifique des briquettes de paille combustible se situe entre 4000 et 5000 kcal/kg.

Utilisation réelle de la lignine dans la production de charbons, de sorbants pour le traitement des eaux usées municipales et industrielles, de produits pétroliers, de sorbants de métaux lourds.

Solution d'acides de lignine obtenue par chauffage de la lignine dans une solution aqueuse de soude caustique dans un autoclave à une température d'environ 180 °, peut être utilisé   pour obtenir des caoutchoucs spéciaux, qui sont remplis au lieu de noir de carbone disperser la lignine isolée de la solution alcaline à son acidification. Ces caoutchoucs sont caractérisés par une résistance accrue à la déchirure et à l'abrasion.

Comme matière première prometteuse, il est également proposé d'utiliser la coque des pignons [24], qui peut être utilisée pour produire des charbons actifs - des substances poreuses spéciales.

Les absorbants suivants peuvent également être utilisés comme base : paille de blé, feuilles et tiges de roseau. Les tiges de roseau offrent le plus faible degré de récupération du pétrole.

Cela peut s'expliquer par la différence de structure de l'article. Le roseau a une structure cellulaire de feuilles et de tiges. Cependant, la coupe des feuilles, par rapport à la coupe des tiges, permet d'éliminer l'huile beaucoup mieux. Cela est dû à la porosité plus faible et à la densité plus élevée de cette dernière (densité de la gaine de la feuille - 0,08 g/cm3, gaine de la tige - 0,17 g/cm3).

Les auteurs [25] ont proposé d'utiliser la coque de la noix de coco, qui a été injectée dans une quantité allant jusqu'à 30 % du poids de l'oligomère, comme charge pour la composition époxy.

La méthode de microscopie électronique à balayage a montré une assez bonne interaction d'interphase entre les particules de coquille de noix de coco et la matrice époxy. Il a été constaté que le module d'élasticité et la résistance à la traction des matériaux chargés augmentent avec la teneur en particules de coquille de noix de coco, tandis que la résistance au choc diminue légèrement, par rapport à l'époxy non chargé

Ainsi, les déchets issus de la culture des céréales, de la culture des légumes, de l'industrie des huiles et des graisses sont des matières premières secondaires précieuses pour divers domaines de la machinerie. Ils peuvent être utilisés comme charges de polymères et de matériaux de construction, ainsi que de caoutchouc - produits techniques, absorbants, énergie - comme source de biocarburants, pour la production de furfurol et d'acide acétique, de bois - panneaux de fibres, pour la synthèse de divers tensioactifs, d'acides oléique et stéarique et de leurs sels, etc.

LISTE DE REFERENCE

1. Kuznetsov, A.E. Les bases scientifiques de l'écobiotechnologie : un manuel/ A.E. Kuznetsov, N.B. Gradova. - Moscou : Monde, 2006. - 504 c

2. I.G. Golubev, I.A. Shvanskaya, L.Y. Konovalenko, M.V. Lopatnikov.

Le recyclage des déchets en agriculture : un ouvrage de référence. - Moscou : FSBNU "Rosinformagroteh", 2011. - – 296 c

3. Zini, E. Composites verts : un aperçu / E. Zini, M. Scandola // Polymer Composites. -2011. - Vol. 32. - — P. 1905–1915.

4. E.P. Chishakov, M.O. Shevchuk, O.Yu. Recish. Traitement des déchets agricoles pour produire des aliments pour animaux, des matériaux de construction et des produits chimiques. Collection des actes scientifiques de l'Institut de recherche panrusse sur l'élevage ovin et caprin, M, 2009, de 47 à 54.

5. Dabaïeva, M.D. Utilisation écologique et sûre des déchets : monographie / M.D. Dabaïeva, I.I. Fedorov, A.I. Kulikov ; Bouriat, Académie d'Etat. - Ulan-Ude : Maison d'édition BGSHA, 2001. - 94 c.

6. Vlasov, S., Olkhov, A., Jordanskiy, A. A propos de l'emballage polymère auto-dégradable (en russe) // Tare et emballage. - – 2008. - – № 2. - - C. 42-47.

7. Kudryakova, G.H. ; Kuznetsova, L.S. ; Shevchenko, E.G. ; Ivanova, T.V. Emballage biodégradable dans l'industrie alimentaire (en russe) // Food promst. - – 2006. - – № 7. - – C. 52-54

8. Nourbakhsh A., Ashori A., Tabrizi A. K. Characterization and biodegradability of polypropylene composites using agricultural residues and waste fish // Composites Part B : Engineering. - – 2014. - Vol. 56. - – P. 279-283.

9. Faruk O., Bledzki A. K., Fink H., Sain M. Biocomposites renforcés par des fibres naturelles : 2000-2010 // Progrès dans la science des polymères. - – 2012. - Vol. 37. - – P 1552-1558.

10. I.L. Vorotnikov, K.A. Petrov, V.V. Kononokhin. Développement des branches de transformation du complexe agro-industriel en économisant les ressources // Economie des entreprises agricoles et pérabudgétaires. - – 2010. - – №10. - – C. 21-23.

Technologies sûres d'utilisation et d'exploitation des déchets des entreprises de transformation des produits de l'élevage : Docteur ès sciences : FSNU " Rosinformagroteh ", 2006. - – 66 c.

12. O. B. Rudakov, S. S. Glazkov, A. V. Skrypchenkov. L'écorce de tournesol est une matière première pour l'obtention de matériaux de construction. Huiles de figues, № 1 / 2 2008, p.18-19

13. Roues, A. A. Composites bois-polymère / A. A. Klesov. - SPb. : NOTE, 2010. -735

14. Nourbakhsh A., Ashori A. Composites bois-plastique à partir de matériaux agro-déchets : Analyse des propriétés mécaniques // Technologie des bioressources. - – 2010. - Vol. 101, N 7 - P. 2525-2528

15. Belousova, N.I. Biogaz - carburant universel // Industrie de la viande. - – 2008. - – № 11. - – C. 57-59.

16. Belousova, N.I. ; Manujlova, T.A. Utilisation complexe des matières premières dans les entreprises de l'industrie de la viande (en russe) // Industrie alimentaire. - – 2007. - – №7. - – C. 38-41.

17. Belousova, N.I. ; Pankov, N.F. ; Manujlova, T.A. Ways of a technogenic influence decrease of a meat-fat production on environment (en russe) // Tout sur la viande. - – 2007. - – № 3. - - C. 43-46.

18. NA Kartushina, G.A. Sevryukova, V.F. Zheltobrukhov. Utilisation de déchets végétaux comme source de matières premières secondaires // L'industrie alimentaire. - – 2012. - – №4. - – C. 32- 34.

19) A.V. Vurasko, B.N. Driker, E.A. Mozyreva, L.A. Zemnukhova, A.R. Galimova, N.N. Guleminu Technologie d'économie des ressources pour l'obtention de matériaux cellulosiques dans le traitement des déchets agricoles Industrie alimentaire - 2016. - – № 7. - – C. 42-44.

20. VP, Gulaya Yu. V., Dvortsin A. A., Lim L.A. Prospects of application of an agricultural crop waste in manufacture of the polymer composites (en russe) // Jeune scientifique. - — 2017. - — №21 — C. 27-30

21. Nourbakhsh A., Ashori A. Composites bois-plastique à partir de matériaux agro-déchets : Analyse des propriétés mécaniques // Technologie des bioressources. - – 2010. - Vol. 101, N 7 - P. 2525-2528

22) Mukhin V.M., Kurilkin A.A., Volovaeva N.L., Guryanov V.V. Production de charbons actifs à partir de déchets primaires de cultures agricoles et perspectives d'application. Advances in Chemistry and Chemical Technology, 2015, №3, p. 64-58.

23. Gorokhov, D.G. ; Baburina, M.I. ; Ivankin, A.N. Transformation de déchets gras en biodiesel (en russe) // Maslogirovaya promyshlennosti. - – 2010. - – № 5. - – C. 36-38.

24. Obtention du charbon actif à partir de la coque du pignon (en russe) / Yu.R. Savelieva [et al.] // Chimie des matières premières végétatives. - 2003. - № 4. - C. 61-64.

25. Sarkia J. Potential of using coconut shell particle fillers in eco-composite materials / J. Sarkia [et al.] // Journal of Alloys and Compounds. - – 2011. - Vol. 509(5). - P. 2381–2385.

CHAPITRE 2. COMPOSANTS NON CAOUTCHOUTEUX DU CAOUTCHOUC NATUREL - EN TANT QUE MATIÈRE PREMIÈRE VÉGÉTALE PROMETTEUSE POUR LA PRODUCTION DE BOUCHE

Les composants non caoutchouteux (NRK) contenus dans le soufre après la coagulation du latex naturel, qui sont des déchets de la production de caoutchouc naturel (NRK), peuvent présenter un grand intérêt pratique pour l'industrie chimique, notamment en tant qu'ingrédients dans la fabrication de pneus et de caoutchouc - produits techniques.

Selon les conditions climatiques des plantations de géoceae brésiliennes (température de l'air, altitude par rapport au niveau de la mer, type de sol, etc.) et l'âge des arbres, le latex naturel contient de 30 à 40 % de caoutchouc, de 52 à 70 % d'eau, de 2 à 3 % de protéines, de 1 à 2 % d'acides gras supérieurs et de leurs dérivés et environ 1 % d'autres composants non caoutchouteux [1-3]. Les composants non caoutchouteux comprennent les lipides, les protéines et les acides aminés, le sucre, les minéraux, les inosites et quelques autres. Leur nombre total varie entre 4 et 6 % de la masse de latex [3-5]. Certains composants non caoutchouteux sont libres dans le latex, tandis que d'autres sont associés à la macromolécule de caoutchouc. Selon le modèle de Tanaka, à une extrémité de la macromolécule NK, qui est un cis-1,4-polyisoprène, les protéines du groupe diméthylallique (ω) sont adsorbées, tandis qu'à l'autre extrémité de la macromolécule, le groupe phosphate (α) est lié aux phospholipides par une liaison hydrogène ou ionique (Fig. 2.1) [6-7].

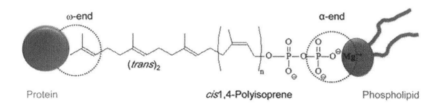

Figure 2.1 - Modèle de Tanaka de polyisoprène bifonctionnel [6].

Selon les données [3, 8], environ un quart des protéines est adsorbé à la surface des particules de caoutchouc naturel obtenues par centrifugation du latex, l'autre quart reste dans la couche inférieure et la moitié est éliminée avec du soufre.

Les acides aminés libres représentent environ 0,1 % du poids du latex de caoutchouc naturel, dont environ 80 % sont présents dans le soufre [9]. Le tableau 2.1 [4, 10] présente une évaluation quantitative des acides aminés du soufre formés lors de la coagulation des acides du latex, d'où il ressort que les principaux acides aminés de la NK sont les acides glutamique et asparagique et l'alanine.

Tableau 2.1 - Teneur en acides aminés du soufre dans la coagulation acide NK

№	Acides aminés	Teneur, % en poids	
		Selon [4]	Selon [10]
1	Alanine	10,7	8,3
2	Arginine	4,5	2,0
3	Acide asparagique	14,5	29,8
4	Cystéine	4,7	1,3
5	Cisting	-	1,6
6	Glutamine	-	0,5
7	Acide glutamique	13,7	36,1
8	Glycine	7,9	2,2
9	Histidine	-	0,04
10	Isoleucine	2,6	1,5
11	Lizin	5,2	0,4
12	Leucine	7,5	0,2
13	Prolin	-	4,6
14	Phénylalanine	1,9	0,1
15	Sérin	6,0	3,1
16	Tirozin	2,3	0,4
17	Tryptophane	-	0,06
18	Thréonine	4,8	7,0
19	Valin	7,7	0,8
	C'est tout, %	100	100

Les composants non caoutchouteux, selon le brevet [11], peuvent être des modificateurs de caoutchouc efficaces. L'essence de ce travail est que le soufre, contenant environ 4,4 % de NAC, a été introduit dans un séchoir à pulvérisation pour la déshydratation avec une température d'entrée de 170 °C et une température de sortie de 60 °C, suivie d'une injection dans un mélange de caoutchouc à base de polyisoprène. Les caractéristiques de vulcanisation des mélanges de caoutchouc à base de NK ou de caoutchouc isoprène synthétique (SKI) sont nettement améliorées lorsque l'on utilise les NKI obtenus comme accélérateurs de vulcanisation.

Les lipides constituent le plus grand groupe de composants non caoutchouteux dans le NK. On a constaté [3] que, selon l'origine et les conditions de croissance des plantes, le nombre de lipides isolés à partir de différents latex variait de 1,3 à 3,5 % (tableau 2.2).

En règle générale, le latex de caoutchouc naturel contient 54 % de lipides neutres (non polaires), 33 % de glycolipides et 14 % de phospholipides [3, 5]. Ils peuvent être éliminés par extraction à l'acétone suivie d'une extraction des composants restants avec un mélange de solvants chloroforme/méthanol dans un rapport de 2:1 en volume.

Tableau 2.2 - Teneur en lipides des différents types de caoutchouc naturel [3].

Types de NK	Teneur en lipides, % en poids			
	Lipides neutres	Glycolipides	Phospholipides	Seulement
RRIM 600	0,45	0,30	0,58	1,3
PB 28/59	2,34	0,45	0,57	3,4
RRIM 701	0,55	0,53	0,49	3,3

Parmi les lipides, les phospholipides constituent la classe la plus importante de composants non caoutchouteux, qui jouent un rôle important dans la formation de meilleures propriétés de NK par rapport au SKI. La teneur en phospholipides de NK est généralement inférieure à 0,6 % en poids [3, 12-14]. Les principaux phospholipides sont la phosphatidylcholine et la lysophosphatidylcholine ; les composants secondaires sont la phosphatidyléthanolamine, le phosphatidilinositol, les phosphatidates métalliques de lysophosphatidilinositol et l'acide phosphatique [12-14] (Tableau 2.3).

Tableau 2.3 - Composition des phospholipides dans le caoutchouc naturel [3].

Nom des phospholipides	Teneur, % en poids			
	RRIM 600*	PB 325*	BPM 24*	RRIM 501*
Phosphatidylcholine	66,6	58,2	55,9	58,4
Lizophosphatidylcholine	23,0	31,8	32,0	-
Phosphatidyléthanolamine .	3,2	3,3	4,1	21,0
Phosphatidyl inositol .	1,2	1,0	2,2	20,6
Lizophosphatidilinositol .	3,4	1,8	1,9	-
Autres	2,6	4,3	3,9	-

* RRIM 600, PB 325, BPM 24, RRIM 501 - types NK

Le caoutchouc naturel du latex peut être isolé par des méthodes chimiques (avec des réactifs) ou physiques (sans réactifs). Dans la production de NK, le processus de coagulation ou de centrifugation du latex est accompagné d'une élimination irréversible d'une partie des composants non caoutchouteux dans le soufre, ce qui entraîne un risque écologique [2, 15]. Par conséquent, l'opportunité d'extraire les composants non caoutchouteux du soufre est évidente. Les auteurs des travaux [16-18] ont effectué des recherches sur l'isolement et l'analyse de groupe des composants non caoutchouteux à partir du soufre NK du latex. Les auteurs [16-18] ont utilisé du latex naturel vietnamien coagulé dans une usine de production de caoutchouc naturel à Hatinh.

La sélection du sérum de latex provenant de NK a été effectuée de deux façons. Échantillon no 1 - soufre après la coagulation acide du latex NK ; échantillon no 2 - soufre du latex naturel, coagulé sans ajout de coagulants lorsqu'il est entreposé à l'air à 35 °C pendant 24 heures. Les composants non caoutchouteux du soufre ont été isolés par évaporation de l'eau à 70-80 ^{oN} avec séchage ultérieur de l'humidité résiduelle sous vide à une pression de 2,7 kPa. On a constaté [1, 19] que dans le cas de la coagulation de latex acide, la teneur en composants non caoutchouteux dans le soufre est inférieure (3,5 % en poids dans l'échantillon de soufre n° 1) par rapport à la coagulation sans réactif (4,7 % en poids dans l'échantillon de soufre n° 2).

Les auteurs [1,19] ont utilisé des solvants tels que l'acétone, le toluène, l'alcool éthylique et l'eau distillée pour séparer les composants non caoutchouteux en groupes de composés. L'ordre d'attribution de la CCN est indiqué à la figure 2.2.

Fig. 2.2 - Procédure de sélection pour les composants non caoutchouc [19].

La séquence des opérations est due au fait que certains des CCN, par exemple les sels minéraux Na, K, NH4+ et le sucre, forment de véritables solutions dans le milieu aqueux du latex, tandis que d'autres - protéines, sels d'acides gras - sont dissous et adsorbés colloïdalement à la surface du globe. Par conséquent, afin de séparer les composés hydrosolubles des composants non caoutchouteux, ils ont été extraits avec de l'eau distillée. Comme prévu, le soufre contenait la plus grande quantité de composés hydrosolubles, et leur proportion était beaucoup plus grande dans le cas de la coagulation du latex acide (échantillon 1 du tableau 2.4).

Pour évaluer la qualité de la composition, les composés obtenus ont été broyés à fond dans le mortier d'agate et analysés par spectroscopie infrarouge. Les spectres IR ont été pris sur un spectromètre Thermo Scientific Nikolet iS10 FT-IR avec un attachement de réflexion interne totale brisé et un cristal de ZnSe.

Tableau 2.4 - Teneur en composants non caoutchouteux du latex de caoutchouc naturel vietnamien soufré [19].

Teneur en composants, % d'huile.	Échantillon 1	Échantillon 2
Teneur en caoutchouc	-	6,2
Teneur en composants non caoutchouteux solubles dans l'eau	78,3	60,3
Teneur en composants non caoutchouteux solubles dans le toluène	2,0	8,9
Teneur en composants non caoutchouteux insolubles dans le toluène (protéines ou leurs fragments)	12,7	19,5
Teneur en composants non caoutchouteux insolubles dans l'acétone	-	-
Pertes	7,0	5,1
Total .	100	100
Teneur en composants, % d'huile.	Échantillon 1	Échantillon 2
Teneur en caoutchouc	-	6,2
Teneur en composants non caoutchouteux solubles dans l'eau	78,3	60,3
Teneur en composants non caoutchouteux solubles dans le toluène	2,0	8,9
Teneur en composants non caoutchouteux insolubles dans le toluène (protéines ou leurs fragments)	12,7	19,5
Teneur en composants non caoutchouteux insolubles dans l'acétone	-	-
Pertes	7,0	5,1
Total .	100	100

La complexité de l'interprétation des spectres IR des composants dissous dans l'eau et extraits par son évaporation n'a pas permis de déterminer la composition en groupes de ces composés.

Les substances qui se transforment en un extrait d'acétone à partir du latex NK sont : les acides gras et leurs esters ; les phospholipides (par exemple la lécithine) ; les phytostérols et d'autres substances. Dans le cas décrit [16,19], ces composés n'ont pas été trouvés dans l'extrait d'acétone (tableau 2.4). Ils peuvent être restés dans le caoutchouc [3] ou avoir été dissous colloïdalement dans l'eau.

Afin de déterminer la teneur en caoutchouc des échantillons, dont les composants hydrosolubles ont été éliminés, on a procédé à une extraction au toluène suivie d'un transfert de polymère par l'éthanol. Comme on pouvait s'y attendre, la coagulation du latex sans réactif s'accompagne d'une perte de polymère (échantillon n° 2 du tableau 2.4), tandis que la coagulation acide permet d'isoler complètement le caoutchouc. Les données obtenues par les auteurs [16] sont conformes aux résultats des études [22-24] sur les méthodes d'isolement des NK dans le latex (tableau 2.5).

Selon les données de la spectroscopie IR, les composants insolubles dans le toluène sont des protéines (Fig. 2.3). L'analyse élémentaire de ces composants a montré la composition moyenne suivante (en % en poids) : carbone - 48,1 ; hydrogène - 6,34 ; azote - 7,25 ; oxygène - 38,41, ce qui confirme la conclusion sur la nature protéique des composés isolés. Leur quantité est beaucoup plus faible dans le soufre obtenu par coagulation du latex avec une solution d'acide acétique (échantillon 1 du tableau 2.4). Cela est évidemment dû au fait que les protéines coagulent en milieu acide à un point isoélectrique et restent dans le caoutchouc [25].

Tableau 2.5 - Composition des échantillons de caoutchouc naturel extraits de différentes manières

Nom du composant	Contenu des composants, % en poids	
	Méthode d'extraction du caoutchouc	
	Coagulation acide	Séchage
Caoutchouc	91,0 – 95,0	78,0 – 84,0
Écureuils	2,37 – 3,76	4,2 – 4,8
Cendres	0,10 – 0,90	1,5 – 1,8
Extrait d'acétone	2,30 – 3,6	3,6 – 5,2
Sahara	0,30 – 0,35	5,5 – 7,2
Extrait d'eau	0,20 – 0,40	–
Humidité	0,18 – 0,90	1,0 – 2,5
Nom du composant	Contenu des composants, % en poids	
	Méthode d'extraction du caoutchouc	
	Coagulation acide	Séchage
Caoutchouc	91,0 – 95,0	78,0 – 84,0
Écureuils	2,37 – 3,76	4,2 – 4,8
Cendres	0,10 – 0,90	1,5 – 1,8
Extrait d'acétone	2,30 – 3,6	3,6 – 5,2
Sahara	0,30 – 0,35	5,5 – 7,2
Extrait d'eau	0,20 – 0,40	–
Humidité	0,18 – 0,90	1,0 – 2,5

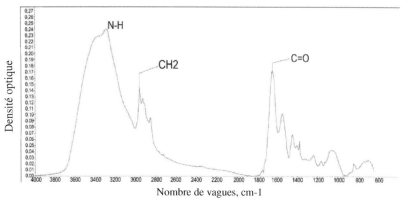

Fig. 2.3 - Spectre IR de composants non caoutchouteux insolubles

La modification du caoutchouc isoprène synthétique avec des composants non caoutchouteux extraits du soufre du caoutchouc naturel a été effectuée au stade du déplacement du mélange de caoutchouc en les introduisant dans le SKI-3 à l'aide du mélangeur de caoutchouc Brabender à 70-80 °C pendant 6-7 minutes. Recette pour le composé de caoutchouc modèle (en poids) : SKI-3 ou NKI (100,0), oxyde de zinc (5,0), diaphène FP (0,6), stéarine technique (1,0), carbone technique PM-100 (50,0), soufre technique (1,0), biphénylguanidine (3,0), altax (0,6). Un modificateur - composants autres que le caoutchouc (échantillon n° 1) en quantité de 0-4,0 h en poids pour 100 h en poids de caoutchouc (tableau 2.6) - a été introduit en plus dans les échantillons expérimentaux.

Tableau 2.6 - Contenu des modificateurs dans les mélanges de caoutchouc

Modificateur	Contenu du modificateur, h. mas. par 100 h. mas. de caoutchouc					
	Échantillons de référence		Numéro de recette des mélanges de caoutchouc prototype à base de SKI-3			
	NC	SKI-3	1	2	3	4
CCN (échantillon n° 1)	–	–	0,5	1,0	2,0	4,0

L'étude de la cinétique de la vulcanisation des mélanges de caoutchouc a montré que ce modificateur n'a pas d'effet significatif sur le processus de vulcanisation des mélanges de caoutchouc, comme le montrent les données des courbes volcanométriques (tableau 2.7). Il est toutefois possible de constater une augmentation négligeable de la vitesse de vulcanisation d'un composé de caoutchouc contenant un modificateur (échantillon 2 du tableau 2.7). Un effet similaire des composants non caoutchouteux sur la vitesse de vulcanisation est décrit dans le brevet [11].

Tableau 2.7 - Caractéristiques de vulcanisation des mélanges de caoutchouc

Numéro de recette	Modificateur, mas.h. pour caoutchouc 100 mas.h.	Caractéristiques de vulcanisation*				
		ML, dN*m	MN, dN*m	t_s, min.	$tc_{(90)}$, min.	Rv, min.$^{-1}$
Échantillon de référence basé sur SKI-3	-	28	46	1,5	13,0	8,7
2	1.0 CCN	28	45	1,0	10,5	10,5

* ML, MN - couples minimum et maximum, respectivement ; t_s - temps de début de vulcanisation ; $tc_{(90)}$ - temps de vulcanisation optimal ; Rv - taux de vulcanisation.

Dans les caoutchoucs contenant des composants autres que le caoutchouc, on observe une augmentation de la résistance au déchirement par rapport à l'échantillon témoin basé sur le SKI-3, quelle que soit la dose de modificateur (échantillons 1-4 du tableau 2.8). La plus forte augmentation de cet indicateur, en moyenne de 40%, est observée dans le cas de l'utilisation de NCC à raison de 1,0 et 2,0 wt/h pour 100 wt/h de caoutchouc (échantillons 2 et 3 du tableau 2.8). On peut également noter que le nombre minimum de NKK (0,5 h en poids) n'affecte pratiquement pas les performances physiques et mécaniques du caoutchouc, tandis que le nombre maximum (4 h en poids) entraîne une diminution de la résistance à la traction conditionnelle.

Tableau 2.8 - Propriétés physiques et mécaniques des mélanges de caoutchouc et des vulcanisations (les numéros d'essai correspondent aux numéros d'essai du tableau 2.6)

Nom de l'indicateur	Échantillons de référence		Nombre expérimental de composés de caoutchouc			
	NC	SKI-3	1	2	3	4
Force de cohésion, MPa	1,4	0,5	0,6	0,7	0,8	0,6
Résistance à la traction conditionnelle, MPa	24,5	21,5	21,3	21,8	21,2	18,5
Tension à 300% d'allongement, MPa	11,6	8,1	10,5	11,9	11,7	8,1
Allongement relatif à la déchirure, en %.	500	550	550	530	460	460
Allongement résiduel relatif, en %.	8	12	8	8	6	4
Dureté sur la rive A, entendu.	62	58	60	60	61	62
Résistance à la déchirure, kN/m	85,0	59,0	65,0	81,7	84,4	70,3

Ainsi, les auteurs [16-21] ont proposé une nouvelle source de modificateur - des composants non caoutchouteux extraits du soufre du latex de caoutchouc naturel, qui était auparavant dirigé vers les eaux usées. Nous pouvons affirmer que les PCN sont des modificateurs prometteurs, dont l'introduction dans le dosage optimal de PCN (1-2 wtch pour 100 wtch de caoutchouc) dans les mélanges de caoutchouc à base de SKI-3 peut augmenter de manière significative la résistance au déchirement du caoutchouc (40%).

LISTE DE REFERENCE

1. Chan, H.T. Examen de la production industrielle de caoutchouc naturel au Vietnam / H.T. Chan, M.E. Tsyganova, A.P. Rachmatullina (en russe) // Bulletin de l'Université Technologique. - – 2015. - – T.18. – №16. - – C.130-133.

2. Nguyen, H.C. Technologie de production du caoutchouc naturel / H.C. Nguyen. - Ho Chi Minh Ville : Tre, 2014. - – 492 c.

3. Eng, A.H. Non-caoutchoucs et groupes anormaux dans le caoutchouc naturel / A.H. Eng // RSC Polymer Chemistry. Série № 7. - 2014. - Vol. 1. - – P. 53-72.

4. Izyana, A. Effect of spray drying on protein content of natural rubber serum (NRS) / A. Izyana, E. Division, M.R. Board [et. al.] // IIUM Engineering Journal. - – 2011. - Vol. 12. - – № 4. – P. 61-65.

5. Hasma, H. Composition des lipides dans le latex du clone RRIM 501 de Hevea brasiliensis / H. Hasma, A. Subramaniam // J. nat. Rubb. Res. - – 1986. - Vol. 1. - – № 1. - – P. 30-40.

6. Berthelot, K. Hevea brasiliensis REF (Hev b 1) et SRPP (Hev b 3) : Une vue d'ensemble sur les protéines des particules de caoutchouc / K. Berthelot, S. Lecomte, Y. Estevez, F. Peruch // Biochimie. - – 2014. - Vol. 106. - – P. 1-9.

7. Pham, C.D. Modification du caoutchouc naturel au stade de son extraction du latex : dis. ...Candidat des sciences chimiques / C.D. Pham. - Volgograd, 2018. - – 104 c.

8. Demande 2017124796 Fédération de Russie, CIB C08J 3/24, C08L 7/00, C08K 3/06, C08K 3/22, C08K 5/09, C08K 5/47. Méthode de vulcanisation de mélanges de caoutchouc à base de caoutchouc naturel / V.A. Navrotsky, Pham, K.D., A.N. Gaidadin ; demandeur FSBOU VPO Université technique d'État de Volgograd ; priorité 11.07.2017. - Décision positive à partir du 05.04.2018.

9. Brzozowska, J. Acides aminés libres du latex de Hevea brasiliensis / J. Brzozowska, P. Hanower, R. Chezeau // Experientia. - – 1974. - – № 30. - – P. 894.

10. Soysuwan, W. Antioxydant du sérum de latex de Hevea brasiliensis / W. Soysuwan // Thèse de maîtrise, Université Prince de Songkla, Thaïlande. - – 2009. - – P. 65.

11. Пат. US 4987196 Un procédé de vulcanisation accélérée des caoutchoucs avec du sérum de protéine / Yoshio Tajama. - заявл. 20.12.1989, опубл. 22.01.1991.

12. Liengprayoon, S. Glycolipid composition of Hevea brasiliensis latex / S. Liengprayoon, K. Sriroth, E. Dubreucq, [et al.] // Phytochimie. - – 2011. - – № 72. - – P. 1902-1913.

13. Liengprayoon, S. Les compositions lipidiques de latex et de caoutchouc en feuille de Hevea brasiliensis dépendent de l'origine clonale / S. Liengprayoon, J. Chaiyut, K. Sriroth [et al.] // European journal of lipid science and technology. - – 2013. - Vol. 115. - – P. 1021–1031.

14. Liengprayoon, S. Development of a new procedure for lipid extraction from Hevea brasiliensis natural rubber / S. Liengprayoon, F. Bonfils, J. Sainte-Beuve [et al.] // European journal of lipid science and technology. - – 2008. - Vol. 110. - – P. 563–569.

15. Aimi Izyana, I. Effect of spray drying on protein content of natural rubber serum (NRS) / I. Aimi Izyana, M.N. Zairossani // IIUM Engineering Journal. - – 2011. - Vol. 12 (4). - – P. 61-65.

16. Chan, H.T. Sélection et analyse des composants non-caoutchouc du latex de caoutchouc naturel (en russe) / H.T. Chan, A.P. Rachmatullina // Bulletin de l'Université Technologique. - – 2017. - – Т.20. – №8. - – С. 69-71.

17. Chan, H.T. Sélection et recherche des composants non caoutchouteux dans le latex naturel vietnamien (en russe) / H.T. Chan, A.P. Rahmatullina // Actes de la IXe Conférence internationale scientifique-pratique " Etat actuel et perspectives du développement innovant de la pétrochimie ". - Nizhnekamsk, 2016. - – С. 114.

18. Chan, H.T. Analyse de la composition des composants non-caoutchouc dans le latex naturel vietnamien (en russe) / H.T. Chan, A.P. Rahmatullina // Collection de tr. du festival régional des étudiants et des jeunes "Man. Un citoyen. Scientifique (ChSU - 2015) ". - Cheboksary, 2016. - – С. 434-435.

19. Chan, H.T. Modification du polyisoprène synthétique par les systèmes protéino-lipidiques d'origine naturelle : dis. ...Candidat des sciences techniques / H.T. Chang. - Kazan, 2018. - – 138 с.

20. Chan, H.T. Modification du caoutchouc sur la base du polyisoprène synthétique par les composants non caoutchouteux contenus dans le latex de caoutchouc naturel soufré (en russe) / H.T. Chan, A.P. Rahmatullina, A.D. Husainov, E.E. Potapov // Production industrielle et utilisation d'élastomères. - – 2017. - – № 3-4. - – С. 33-37.

21. Chan, X.T. Utilisation des composants non caoutchouteux contenus dans les déchets de la production du caoutchouc naturel à la production du caoutchouc / H.T. Chan, A.P. Rahmatullina // Proc. du XXe Congrès de Mendeleïev sur la chimie générale et appliquée. - Ekaterinbourg, 2016. - Т. 2b. - – С. 168.

22. Effet des substances non caoutchouteuses sur la cinétique de vulcanisation du caoutchouc naturel / P.Y. Wang, Y.Z. Wang, B.L. Zang, H.H. Huang // Journal of Appied Polymer Science, 2012. - Vol. 126. -Numéro 4. - – P. 1183-1187.

23. Bashkatov, T.V. Technologie des caoutchoucs synthétiques / T.V. Bashkatov, Ya.L. Gigalin. - L. : Chimie, 1987. - – 360 c.

24. Guesswork, B.A. Chimie des élastomères / B.A. Guesswork, A.A. Dontsov, V.A. Hornet. - Moscou : Chimie, 1981. - – 376 c.

25. Berezov, T.T. Biological chemistry : textbook - 3rd ed., transcript and additional / T.T. Berezov, B.F. Korovkin. - Moscou : Médecine, 1998. - – 704 c.

CHAPITRE 3. MODIFICATEURS POUR CAOUTCHOUC À BASE DE SOUS-PRODUITS DE MATIÈRES PREMIÈRES NATURELLES

Concentré de phospholipides (PLC) - un sous-produit du traitement de l'industrie des huiles et des graisses, hydrolysat de protéine de kératine (KPB) - un sous-produit de l'industrie du traitement de la volaille, qui sont connus comme des modificateurs prometteurs [1-10] du caoutchouc isoprène.

3.1 Concentré de phospholipides

Le concentré de phospholipides se forme à la suite du raffinage physique des huiles végétales et n'a pas de ventes rentables. Actuellement, la quantité de FLC allouée en Russie est d'environ 30 mille tonnes par an.

Les caractéristiques de la CLF sont indiquées dans le tableau 3.1.

Tableau 3.1 - Indicateurs physiques et chimiques de la concentration de phospholipides [5].

Nom des indicateurs	Signification
Fraction massique des phospholipides, en %.	60,0
Fraction massique des volatils, en %.	0,8
Fraction en masse des huiles végétales, en %.	39,2
Indice d'acide FLC, mg KON/g de produit	5,4
Indice d'iode, g I2/100 g de produit	67,2
Densité, g/cm3	0,93

Les auteurs des travaux [5-10] présentent des données sur la modification du polyisoprène synthétique (SKI-3) et du caoutchouc à base de celui-ci avec le concentré de phospholipides produit par Kazan Fatty Combine JSC. Cette dernière est l'une des plus grandes entreprises de l'industrie des graisses et des huiles de la Fédération de Russie et produit environ 16 mille tonnes de FLC par an [5].

La méthode de spectroscopie IR a permis d'établir [5] la composition des groupes de CLF, fournie par JSC "Kazan fat plant" (Fig. 3.1, Tableau 3.2).

Les auteurs [5, 10-11] ont établi que les principaux phospholipides contenus dans la CLF sont la lécithine et la kéfaline (Fig. 3.2) - des analogues des phospholipides inclus dans le latex de caoutchouc naturel [12], qui, entre autres, donnent des propriétés uniques à ce polymère.

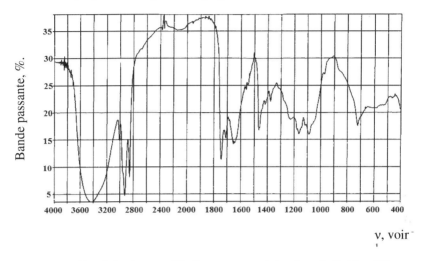

Fig. 3.1 - Spectre IR d'un concentré de phospholipides [5].

Tableau 3.2 - Fréquences (cm-1) des bandes d'absorption significatives des groupes de CLF [5].

Regroupement de caractéristiques	Numéro de la vague ν, cm-1	
	théorie [123-126]	expérimental
ν P-O (POOH)	1180-1240 forte	1180
ν C-O-C esternalement	1040-1275	1240 и 1090
-H2-N+ -CH2 est connecté à l'accepteur électronique N+.	1400-1440	1410
δ (N+H) (ainsi que δ CH3)	1500-1600	1530, 1550, 1570
ν (C=C)	1600-1670	1654
ν (C=O)	1700-1800	1711 ; 1744
ν (CH) dans le groupe C=C	3000-3100	3009
ν(HE)	3200-3400	3200-3500
ν (NH) dans le groupe -NH2	3300-3500	

La même teneur molaire en phosphore et en azote dans le concentré de phospholipides a été déterminée par la méthode d'analyse élémentaire (Tableau 3.3) [5].

Tableau 3.3 - Composition élémentaire du concentré de phospholipides (%, en poids) [5].

Élément	C	H	N	S	O	P
Teneur en éléments, % en poids	29,49	59,99	0,15	0,02	10,01	0,34

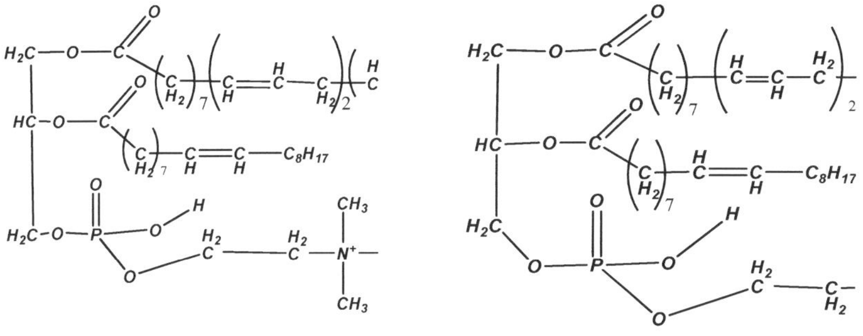

(a) Lécithine   b) le mulet

Fig. 3.2 - Formules structurales de la phosphatidylcholine (a) et de la phosphatidyléthanolamine (b) [10].

Dans le travail [5] sur les expériences sur modèle et les expériences directes, il a été montré qu'à l'interaction de la CLF avec SKI-3, il y a une diminution de la teneur en doubles liaisons (Fig. 3.3), ce qui témoigne de l'inoculation de la CLF sur les macromolécules de polymère.

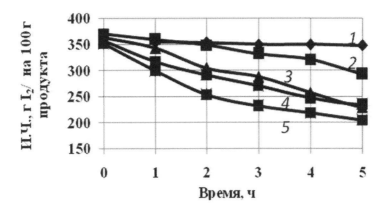

*Fig. 3.3 - Dépendance du changement de l'indice d'iode (I.N.) dans le processus de modification du SKI-3 FLC (90 °Ñ, toluène) de la quantité de modificateur (masse de FLC pour 100 masses de caoutchouc) : **1** - sans modificateur ; **2** - 1 ; **3** - 3 ; **4** - 5 ; **5** - 7 [5].*

L'interaction chimique du système phospholipidique avec la macromolécule de caoutchouc implique la formation de nouvelles liaisons chimiques [11]. La participation de l'atome de carbone du système phospholipidique à la formation d'une nouvelle liaison est peu probable, puisque la formation du système cyclobutanique est interdite par les règles de conservation de la symétrie orbitale [13-15, 5].

La formation d'une nouvelle liaison entre l'atome de carbone du caoutchouc et l'hétéroatome FLC est très probable.

Dans la première étape de la molécule de phosphatide, il y a un détachement du fragment phosphoryle et de l'atome d'hydrogène de α - atome de carbone du radical hydrocarboné du résidu acide, qui est accompagné par la formation d'un ion bipolaire à partir du résidu glycéride [11] :

ãäå: R_1, R_2 - óãëåâîäîðîäíûå òàäèêàëû ;
R_3, R_4, R_5 = H, CH_3

L'alkyl phosphonate résultant peut être fixé à la macromolécule de polyisoprène à l'emplacement de la double liaison. Le monoéther de l'acide phosphorique réagit avec l'un des deux groupes hydroxyle. La dissociation se produit en premier :

Le monoéther d'acide phosphorique est ensuite relié par une double liaison de la macromolécule de caoutchouc :

En raison de la liaison d'un fragment de CLF, une partie des doubles liaisons du polyisoprène passe à l'état saturé, et il y a donc une diminution de la teneur en doubles liaisons.

Les auteurs du travail [16] ont réalisé une modification du polyisoprène par de la phosphatidylcholine, qui a consisté en un greffage de groupe carboxylique sur le polymère suivi d'une amidisation par atome de phospholipide d'azote primaire :

Il a été établi [5-11, 17] que l'introduction de la CLF en petite quantité (3-5 mas.h. pour 100 mas.h. de caoutchouc) favorise la réduction de la viscosité le long de Mooney, l'augmentation du degré de dispersion du carbone technique, l'amélioration des propriétés plasta-élastiques et l'augmentation de la force de cohésion des mélanges de caoutchouc. Les FLC dans les formules de caoutchouc peuvent remplacer l'huile PN-6. En outre, les caoutchoucs à base de caoutchouc modifié avec un concentré de phospholipides ont une résistance à la chaleur plus élevée [5].

Cependant, la CLF, qui est une masse visqueuse, est stratifiée pendant le stockage en phases huileuse et phosphatidique, ce qui crée certaines difficultés dans son utilisation comme modificateur du caoutchouc [18].

3.2 Hydrolysat de protéine de kératine

Comme source de matières premières renouvelables pour l'industrie du caoutchouc peuvent être utilisés les déchets de l'industrie de transformation de la volaille, dont la quantité en Russie en 2016 s'élevait à environ 350 mille tonnes. Ainsi, dans le processus de production des enclos pour oiseaux, un hydrolysat de protéine de kératine est formé comme sous-produit. Il s'agit d'une composition de peptides hydrophobes (environ 85 % en poids) [19]. Le GKB contient une vaste gamme d'acides aminés (asparagine et acides glutaminiques, sérine, arginine, proline, cystine, phénylalanine, etc.

Tableau 3.4 - Composition de l'hydrolysat de protéine de kératine [20].

Nom des connexions	Teneur, g/100 g de protéines
Alanine	3,98
Arginine	6,30
Acide asparagique	6,58
Valin	4,93
Histidine	1,14
Glycine	6,97
Acide glutamique	11,29
Isoleucine	3,53
Leucine	6,95
Lizin	1,93
Méthionine	0,88
Prolin	7,73
Sérin	10,81
Tirozin	2,37
Thréonine	4,65
Phénylalanine	4,09
Cisting	5,47
Autres connexions	10,40
Nom des connexions	Teneur, g/100 g de protéines
Alanine	3,98
Arginine	6,30
Acide asparagique	6,58
Valin	4,93
Histidine	1,14
Glycine	6,97
Acide glutamique	11,29
Isoleucine	3,53
Leucine	6,95
Lizin	1,93
Méthionine	0,88
Prolin	7,73
Sérin	10,81
Tirozin	2,37
Thréonine	4,65
Phénylalanine	4,09
Cisting	5,47
Autres connexions	10,40

Le poids moléculaire moyen du GKB est de 280-300 g/mol.

Le spectre IR et les données de la spectroscopie IR de l'hydrolysat de protéine de kératine sont donnés dans la Fig. 3.4 et dans le tableau 3.5 [20].

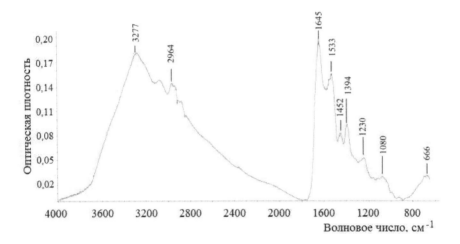

Fig. 3.4 - Spectre IR d'un hydrolysat de protéine de kératine [20].

Tableau 3.5 - Fréquences (cm-1) des bandes d'absorption significatives des groupes GKB

Regroupement de caractéristiques	Numéro de la vague ν, cm-1	
	Théorique [21].	Expérimental
ν C-O-C	1230-1215	1230
-CH2 est connecté à l'accepteur électronique N+.	1400-1440	1410
δ (N+H) (ainsi que δ CH3)	1500-1600	1533
ν (C=O)	1630-1655	1645
ν (CH) dans le groupe C=C	3000-3100	3085
ν(he)(link)	2500-3300	2500-3300
ν (NH) dans le groupe -NH2 (dans un sel d'acide aminé)	3200-3400	3277
Regroupement de caractéristiques	Numéro de la vague ν, cm-1	
	Théorique [21].	Expérimental
ν C-O-C	1230-1215	1230
-CH2 est connecté à l'accepteur électronique N+.	1400-1440	1410
δ (N+H) (ainsi que δ CH3)	1500-1600	1533
ν (C=O)	1630-1655	1645
ν (CH) dans le groupe C=C	3000-3100	3085
ν(he)(link)	2500-3300	2500-3300
ν (NH) dans le groupe -NH2 (dans un sel d'acide aminé)	3200-3400	3277

L'utilisation sûre et efficace sur le plan énergétique des déchets animaux est l'une des tâches les plus importantes des entreprises de transformation de la volaille. Selon les données [22], des difficultés particulières se posent dans le traitement des déchets de duvet, qui représentent environ 7,5% du poids vif de l'oiseau et 350 mille tonnes par an en Russie. Les résultats de l'étude des produits d'hydrolyse de la kératine ont montré la présence de groupes carboxyle, sulfhydryle, amine dans ces produits, ainsi que des liaisons disulfure [4], dont l'utilisation pour l'obtention de composites polymères conduit à une amélioration du complexe de leurs propriétés. À cet égard, de nombreux chercheurs cherchent à trouver des applications dans l'industrie du caoutchouc.

Dans le travail [1], les protéines ont été utilisées séparément et avec des tensioactifs dans des mélanges de caoutchouc contenant de la suie blanche. Les protéines suivantes ont été utilisées : kératine, albumine, collagène et comme agents tensioactifs : ester monoalkylique de polyéthylèneglycol à base d'alcool gras secondaire (néonol B1020-12), alkylbenzènesulfonates de sodium à base de kérosène (sulfanol) et bis (2-éthylhexyle) succinatosulfonate de sodium (PAB 1019). Ils ont constaté que l'utilisation combinée de protéines et d'agents tensioactifs dans les mélanges de caoutchouc à base de SKI-3 réduit leur viscosité, augmente la résistance à la subvulcanisation, tout en augmentant la vitesse de vulcanisation des mélanges et les propriétés de résistance des composés vulcanisés.

Les auteurs [4] ont utilisé des hydrolysats de protéines contenant de la kératine comme additifs modificateurs pour améliorer un certain nombre de propriétés des composites élastomères à base de caoutchouc synthétique. Ils ont constaté que l'utilisation du kérotène n'est pas efficace en raison de sa faible dispersion dans les composés de caoutchouc. Cependant, l'introduction d'hydrolysats (5 p. 100 p. 100 de caoutchouc) dans le latex DSKI-3 favorise la réception du caoutchouc modifié, vulcanisé sur la base duquel se différencient la stabilité aux processus d'oxydation et les indicateurs élevés de la durabilité relative et de la vitesse du durcissement sulfurique.

Cependant, l'introduction directe de GKB dans le mélange de caoutchouc est difficile en raison de la mauvaise compatibilité des acides aminés polaires avec le caoutchouc non polaire. Il est donc nécessaire de modifier le HBK pour éliminer cette lacune. La création de *complexes protéine-lipide (*CLB*) à partir de* CLF et de GKB peut être considérée comme un moyen possible de cette modification.

3.3 Complexes protéino-lipidiques

Comme les modificateurs des caoutchoucs synthétiques sont des systèmes protéino-lipidiques intéressants. Ils peuvent être obtenus artificiellement en créant des complexes protéino-lipidiques à partir de composés naturels : concentré de phospholipides et hydrolysat de protéines de kératine. A cet effet, la méthode des micelles inversées peut être utilisée pour la conversion de fragments hydrophiles de molécules de protéines à l'état ultradispersé dans un solvant organique [23].

Selon [24], les tensioactifs colloïdaux dans les solvants faiblement polaires (hexane, heptane, octane, cyclohexane) ou d'autres hydrocarbures aliphatiques (benzène, toluène, chloroforme, tétrachlorure de carbone) forment des micelles inversées ou inversées. Dans ce cas, les résidus d'hydrocarbures des tensioactifs sont orientés vers une phase continue, et les groupes hydrophiles forment la partie interne des micelles (Fig. 3.5).

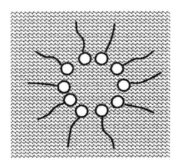

Fig. 3.5 - Inversion de la micelle [24].

Dans le travail [23], des complexes protéine-lipide ont été utilisés pour la modification des LM. Comme agents de surface, ils ont utilisé le sel p-*toluène sulfonique d*'octadécyl glycérine et les protéines de structure caroténoïde provenant de cyanobactéries intermophiles, et comme agents de surface solubles dans l'huile - lécithine et phospho- et sulfolipides de nature caroténoïde.

Pour préparer une CLB, vous devez connaître la concentration de CLF à laquelle la formation de micellose se produit. Le CCl4 a été utilisé comme solvant organique, qui peut dissoudre de nombreux phospholipides et graisses. Les mesures tensiométriques des solutions de CLF dans le CCl4 par la méthode de Du Nouis pour la détermination de la concentration critique de la formation de micelles (CMC) ont montré que sur la courbe de la dépendance de la tension superficielle par rapport au logarithme de la concentration de lg C (figure 3.6), il y a 2 fractures (points A (0,6 ; 25,2) et B (1,15 ; 24,1)), qui correspondent à KKM1 (4 % en poids) et KKM2 (14 % en poids) [25]. Des dépendances similaires ont été obtenues dans les travaux [26] sur la mesure de la tension superficielle du concentré de phospholipides dans l'eau. Ils ont également établi deux valeurs du CCM (Fig. 3.7), dont des micelles de forme sphérique sont formées au CCM1 et des couches micellaires de micelles sont formées au CCM2. Ainsi, les phospholipides forment des micelles de la même manière dans l'eau et dans le tétrachlorure de carbone.

Nous pouvons supposer [25] que les micelles phospholipidiques résultantes agiront comme des porteurs de molécules protéiques qui peuvent soit pénétrer dans les micelles, soit être placées à leur surface.

Les auteurs [25, 27] ont effectué la préparation de la CLB dans la phase organique de l'eau par deux méthodes [23] à un rapport de masse de CLF/HCB = 1 : (1 ÷ 7), respectivement.

Pour obtenir la CLB, on a choisi une concentration de CLB dans le tétrachlorure de carbone, égale à 65 g / l, ce qui correspond à la formation de micelles sphériques à KKM1 = 4 % en poids [25].

Lors de l'utilisation de la **première méthode de** préparation BLC, le concentré de phospholipides a été dissous dans du CCl4 (solution 1, concentration 65,0 g/l), GKB - dans de l'eau distillée avec un mélange intensif (solution 2, concentration 250,0 g/l). La solubilisation des protéines dans la solution de tensioactif a été réalisée en combinant les solutions 1 et 2 en mélangeant intensivement pendant 30 minutes.

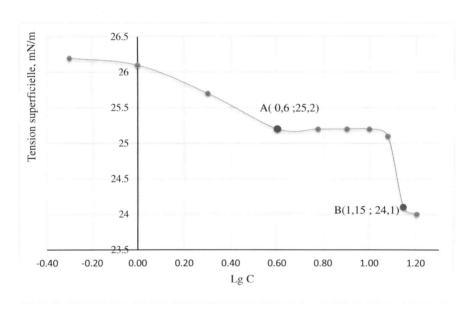

Figure 3.6 - Dépendance de la tension superficielle par rapport au logarithme de la concentration de CLF dans le tétrachlorure de carbone

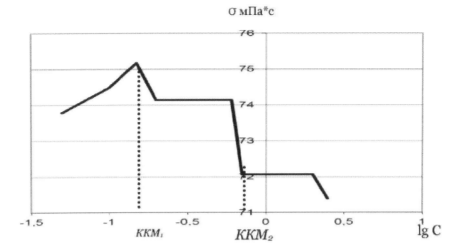

Fig. 3.7 - Graphique de la dépendance de la tension superficielle par rapport au logarithme de la concentration de CLF dans l'eau

Lorsque la ***deuxième méthode de*** préparation de la CLF BLC a été dissoute dans la CCl4 (solution 1, concentration 65,0 g/l). De l'eau distillée a été ajoutée à la solution 1 en une quantité égale à ½ de la quantité d'eau prélevée dans la première méthode. Dans la solution obtenue, on a ajouté une quantité déterminée de GKB sous forme de poudre lors d'un mélange intensif.

Selon les données [28], l'épaisseur de la couche de phospholipides-protéines à la surface du NK est d'environ 20 nm. Il est donc raisonnable d'utiliser des complexes protéino-lipidiques dont les particules ont la plus petite taille pour modifier le SKI. Les auteurs [20, 25] ont établi, à l'aide de l'appareil - analyseur de taille des particules et Zetasizer Nano-ZS (Malvern Instruments Ltd), que le diamètre minimum des particules d'une CLC est observé à un rapport CPL/HCB = 1:3, aux deux méthodes de préparation (tableau 3.6). Le rapport optimal révélé des composants initiaux correspond au rapport phospholipides/protéines dans le latex NK, égal à (1:3) ÷ (1:5).

Les faibles valeurs du ζ-potentiel (tableau 3.6) indiquent que le système est instable. Cela peut être dû au fait que le point isoélectrique du GKB est décalé vers la région acide, ce qui donne une CPL avec de faibles valeurs ζ-potentiel. Il faut donc utiliser l'automate immédiatement après la cuisson ou stabiliser le système en modifiant le pH de l'environnement.

Tableau 3.6 - Diamètre moyen des particules (Pc) de la CPL et leur potentiel électrocinétique (ξ)

BLK basé sur FLC : GKB	Eh bien, euh...		ξ, mv	
	1 méthode	2 méthode	1 méthode	2 méthode
1:1	259,6	408,5	0,7	0,17
1:2	338,7	293,8	0,9	1,0
1:3	**202,8**	**217,7**	-3,0	-0,8
1:5	223,2	220,3	-1,1	-3,0
1:7	270,9	265,7	-0,4	-3,0
GKB dans l'eau	4,75		-4,0	
FLC en CCl4	183,9		-5,6	

Les auteurs des travaux [20, 25, 27, 29] pour la recherche de l'influence du type donné de modificateurs sur les propriétés des caoutchoucs synthétiques et des caoutchoucs sur leur base ont choisi la composition optimale FLC : GKB = 1:3. Des échantillons de BLC fraîchement préparés ont été étudiés en tant que modificateurs du polyisoprène synthétique. Le processus de modification a été réalisé par des méthodes en phase liquide et en phase solide.

Pour modifier le caoutchouc, une solution colloïdale a été utilisée, qui contenait 4 wt/h en termes de matière sèche. BLK pour 100 mas.h. SKI-3. La modification du caoutchouc a été effectuée par mélange à la température ambiante et à 600 tr/min, obtenu par deux méthodes de solutions colloïdales de BLK (№ 4-5 dans le tableau 3.7) avec une solution de caoutchouc dans l'isopentane (concentration du polymère 8,6 % en poids) avec séchage ultérieur du polymère à une masse constante dans un excitateur sous vide à une pression de 2,7 kPa et une température de 22 °Ñ.

Pour la modification en phase solide de la BLC, on a isolé la BLC par séchage dans un excitateur sous vide dans les conditions décrites ci-dessus, et le degré de son séchage a été déterminé par gravimétrie. Le caoutchouc a été extrait de la solution en plaçant une fine couche de polymérisat dans le moule pour éliminer le solvant naturel.

La modification du SKI-3 a été effectuée en le mélangeant avec le bloc dans le mélangeur de caoutchouc Brabender à 70-80 °Ñ juste avant les mélanges de caoutchouc (№ 6-7 dans le tableau 3.7). Des additifs modificateurs (GKB, FLC, BLC) ont été ajoutés aux échantillons prototypes (№3, №6-9 dans le tableau 3.7).

Tableau 3.7 - Composition des mélanges de caoutchouc témoins et expérimentaux à base de polyisoprène [20, 25].

Nom ingrédient	Numéro de composé de caoutchouc								
	Mélanges de contrôle		Mélanges expérimentaux						
	1	2	3	4	5	6	7	8	9
	Contenu des ingrédients, huile. h.								
Caoutchouc d'isoprène SKI-3, isolé du polymérisat	100	-	100	-	-	100 1* T*	100 2* T*	100	100
SKI-3, modifié 4 mas.h. BLK pour 100 mas. h. de caoutchouc	-	-	-	100 1* Ж*	100 2* Ж*	-	-	-	-
Caoutchouc naturel SVR-3L	-	100	-	-	-	-	-	-	-
GKB	-	-	3,0	-	-	-	-	3,0	-
FLC	-	-	1,0	-	-	-	-	-	1,0
BLK	-	-	-	-	-	4,0	4,0	-	-
Soufre technique	1	1	1	1	1	1	1	1	1
Altax	1	1	1	1	1	1	1	1	1
Diphenylguanidine	1	1	1	1	1	1	1	1	1
Acide stéarique	1	1	1	1	1	1	1	1	1
Oxyde de zinc	5	5	5	5	5	5	5	5	5
Néoson D	0,6	0,6	0,6	0,6	0,6	0,6	0,6	0,6	0,6
Carbone technique P-324	40	40	40	40	40	40	40	40	40

* 1 est la première méthode de préparation de la CLB ; 2 est la deuxième méthode de préparation de la CLB ;

L - modification du caoutchouc en phase liquide ; T - modification du caoutchouc en phase solide.

Pour révéler la possibilité d'immobiliser le modificateur sur les macromolécules de polymère de caoutchouc modifié par un complexe protéine-lipide en phase liquide, il a été soumis à un traitement thermique (à 151oC pendant 30 min.) avec le double transfert suivant de solutions de polymères de toluène par l'éthanol.

Les spectres IR [20, 25] des caoutchoucs modifiés sont identiques et différent de l'échantillon initial par la présence de bandes d'absorption dans les régions de   1743 cm-1 et 3300 cm-1, typiques des oscillations de valence des groupes carbonyle et amine (hydroxyle), respectivement (Fig. 3.8). Cela peut indiquer que le modificateur a été greffé sur des macromolécules de caoutchouc.

Des procédures similaires à la transplantation du SKI-3 ont été effectuées pour le BLK. Du toluène a été ajouté au complexe protéine-lipide à la même concentration que pour la dissolution du SKI-3. L'ajout d'éthanol à la solution obtenue n'a pas entraîné de dépôt de composants de la CLB, ce qui indique qu'à la transposition des solutions de toluène des caoutchoucs modifiés, les composants de la CLB n'ayant pas réagi ont été éliminés avec les solvants, tandis que les composants de la CLB greffés ont été fixés sur les spectres IR.

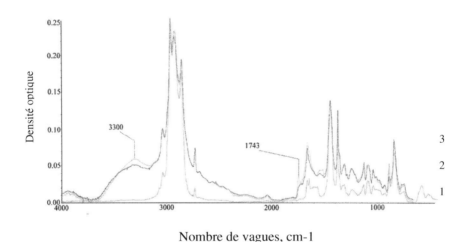

Fig. 3.8 - *Spectres IR du caoutchouc initial (1), du caoutchouc BLC modifié obtenu par la méthode 1 (2) et du caoutchouc BLC modifié obtenu par la méthode 2 (3)*

Les valeurs de la masse moléculaire de viscosité moyenne, dont la valeur est plus élevée dans les caoutchoucs modifiés par rapport à l'échantillon de contrôle, sont une preuve supplémentaire du processus de modification, ce qui est indiqué par des valeurs élevées de la viscosité donnée $_{(\eta y, \text{л/s})}$, (tableau 3.8, figure 3.9). Les températures de transition vitreuse (tableau 3.8) diminuent pendant la modification, ce qui indique l'effet plastifiant de la CPL [30].

Tableau 3.8 - Masse moléculaire moyenne de la viscosité et température de transition vitreuse des échantillons SKI-3 initiaux et modifiés

En vedette	Caoutchouc isoprène SKI-3		
	Original.	BLK modifié, fabriqué selon la première méthode	BLK modifié, fabriqué selon la deuxième méthode
Masse moléculaire mi-visqueuse, g/mole	189 000	267 000	302 000
Température du vitrage, °C	-61,0	-63,8	-62,4

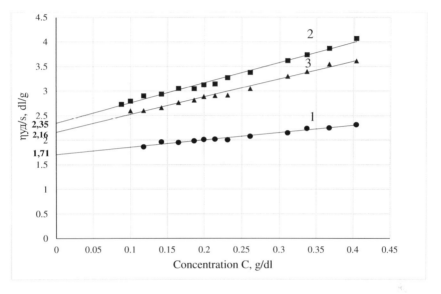

Fig. 3.9 - Dépendance de la viscosité réduite de la concentration de polyisoprène synthétique dans le toluène : 1 - caoutchouc SKI-3 initial, isolé du polymérisat ; 2 - caoutchouc BLK modifié, fabriqué par la première méthode ; 3 - caoutchouc BLK modifié, fabriqué par la seconde méthode.

La valeur du poids moléculaire moyen de la viscosité au SKI-3, selon le livre de référence du caoutchouc [31], varie dans une large gamme de 350000 à 1300000 g/mole, et au NK - de 1400000 à 2500000 g/mole. Après le traitement thermique selon [32], la part des fractions de faible poids moléculaire augmente et le poids moléculaire moyen de viscosité du caoutchouc SKI-3 diminue de manière significative.

Les résultats de l'analyse de fluorescence aux rayons X [20] montrent que la teneur en soufre et en phosphore du complexe protéine-lipide modifié du caoutchouc est respectivement 2 et 4 fois plus élevée que celle du polymère d'origine (tableau 3.9, figures 3.10, 3.11). Cela indique qu'une partie des composants initiaux du BLK (concentré de phospholipides et hydrolysat de protéines de kératine) reste dans le caoutchouc même après une double conversion.

Tableau 3.9 - Résultats de l'analyse par fluorescence X [20].

Nom de l'échantillon de caoutchouc	Teneur en éléments (% en poids)									
	O	Na	Mg	Al	P	S	Cl	K	Ca	C5H8
Test	8,1	0,063	0,008	0,053	0,004	0,030	0,103	0,015	0,062	91,6
Modifié par .	6,0	0,026	0,014	0,055	0,011	0,063	0,067	0,015	0,071	93,7

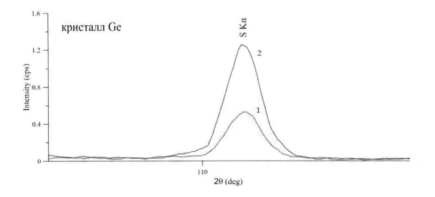

Fig. 3.10 - Intensité de la ligne Kα de soufre (S) dans le cas d'échantillons témoins (1) et prototypes (2) [20].

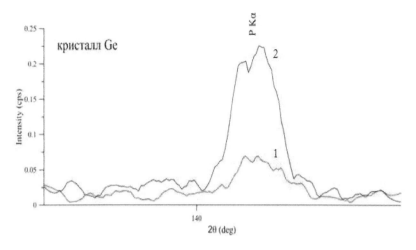

Fig. 3.11 - Kα intensité de la ligne de phosphore (P) dans le cas des échantillons de contrôle (1) et des prototypes (2) [20].

On sait [4] que le soufre est contenu dans certains acides aminés qui font partie du HKB, tels que la cystine, la méthionine. Par conséquent, la présence de soufre dans le caoutchouc modifié est compréhensible, tandis que la présence de soufre dans l'échantillon de contrôle peut être associée à un degré de purification insatisfaisant des composants d'origine utilisés pour produire le polymère. Sa présence a déjà été observée dans d'autres caoutchoucs également. Ainsi, selon [33], la raison peut être la présence d'impuretés contenant du soufre dans les solvants hydrocarbonés utilisés dans la production de polymères. L'azote n'est pas détecté si sa concentration dans la substance est inférieure à la limite de sensibilité du dispositif (à moins de 1 % de la masse).

Il a été établi [25, 29] que les agents de vulcanisation à base de caoutchoucs modifiés par des complexes protéines-lipides ont un complexe de propriétés de résistance plus élevé que l'échantillon témoin, quelles que soient les méthodes de modification (échantillons 4-7, tableau 3.10). Cela peut s'expliquer par une diminution de la fraction de cendres et une augmentation de la densité des chaînes à mailles liées chimiquement. La résistance au déchirement dans les échantillons 4-7 (tableau 3.10) augmente de 15 à 30 % par rapport au caoutchouc témoin. L'introduction constante de la CLF et du GKB dans le SKI-3 directement dans un mélangeur de caoutchouc (échantillon 3, tableau 3.10) entraîne une augmentation de cet indice (de 15 %) tout en maintenant les propriétés physiques et mécaniques de base des agents de vulcanisation au niveau du caoutchouc d'origine.

L'introduction de GKB dans le mélangeur de caoutchouc Brabender (échantillon 8, tableau 3.10) nuit à des indicateurs tels que la résistance à la traction conditionnelle et l'allongement relatif. Cela peut s'expliquer par la mauvaise compatibilité des fragments polaires de molécules protéiques avec le SKI-3 non polaire.

Tableau 3.10 - Propriétés des vulcanisations (le nombre d'expériences correspond au nombre d'expériences du tableau 3.7)

Indicateurs	Propriétés des vulcanisats								
	Échantillons de référence		Échantillons de caoutchouc à base de SKI-3 modifié						
	SKI-3	NC							
	1	2	3 FLC + GKB	4 BLK 1, Ж	5 BLK 2, Ж	6 BLK 1, T	7 BLK 2, T	8 GKB	9 FLC
1	2	3	4	5	6	7	8	9	10
La force de déchirure, MPa.	21,6	27,5	22,2	26,1	24,3	22,9	24,8	20,5	21,3
Allongement relatif, en %.	530	500	510	510	510	510	550	440	500
Résistance à la déchirure, kN/m	68,2	94,9	78,4	81,7	77,9	85,2	89,6	70,3	69,4
Dureté sur la rive A, entendu.	57	63	58	59	58	58	59	59	58
Teneur en fraction de cendres, en % en poids.	3,1	3,8	2,2	1,8	2,7	2,5	2,4	3,4	2,8
Densité des circuits à mailles liées chimiquement, $v_{хим} \times 10^4$, mol/cm3	2,67	3,59	2,94	3,51	3,56	3,45	3,74	2,92	2,69
Propriétés des agents de vulcanisation après vieillissement thermique, 72 h x 120 °Ñ.									
Coefficient de vieillissement thermique : - résistance à la déchirure - en allongement à la déchirure	0,48	0,63	0,64	0,61	0,59	0,60	0,74	0,44	0,56
	0,70	0,77	0,80	0,81	0,78	0,80	0,85	0,91	0,81

L'amélioration des performances des caoutchoucs contenant des BLC est due à une modification physique et chimique, qui consiste dans le fait que les micelles de phospholipides, réduisant l'hydrophilie des acides aminés, les transportent vers les macromolécules de caoutchouc et, par conséquent, augmentent le degré de distribution dans le volume de la matrice. Les micelles se dégradent au contact des macromolécules de polymères, et les acides aminés et les phospholipides peuvent interagir par divers mécanismes.

On sait, d'après la littérature [4], que les composés contenant du soufre, y compris ceux présents dans le GKB, interagissent avec le SKB par la réaction présentée à la figure 3. 3.12. Ce mécanisme ne contredit pas la théorie de l'interaction du soufre activé avec les parties réactives des molécules de polymère [34].

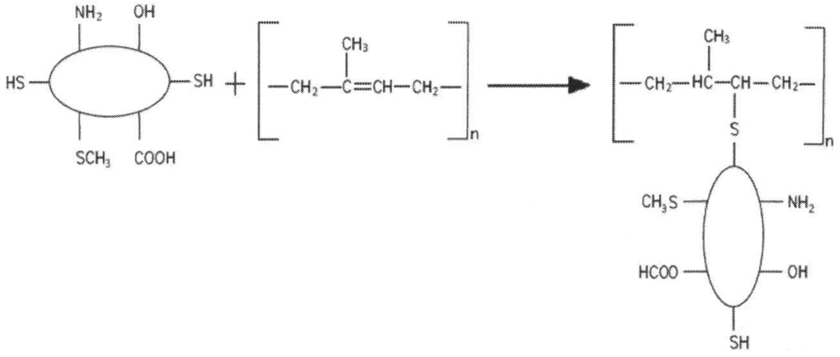

Fig. 3.12 - Interaction des acides aminés soufrés avec le polyisoprène

Comme l'hydrolysat de la protéine de kératine, qui a été utilisé pour produire des complexes protéine-lipide, contient des acides aminés contenant du soufre (tableau 3.4), tels que la cystine et la méthionine, il est possible que des réactions similaires se produisent dans le cas décrit [20].

On peut supposer que dans le processus de production du caoutchouc, les micelles sont détruites et les phospholipides sont greffés sur les macromolécules de caoutchouc selon le mécanisme décrit au chapitre 3.1, les fragments de molécules de protéines contenant du soufre sont greffés sur les macromolécules SKI-3 selon le mécanisme décrit ci-dessus dans [4, 20], et les molécules de protéines non commutées agissent comme des charges de renforcement [23].

Les macromolécules formées avec des fragments greffés de phospholipides et d'acides aminés peuvent interagir entre elles. Cela peut être la raison de la force de cohésion accrue des mélanges de caoutchouc fabriqués à base de caoutchouc modifié avec un complexe protéino-lipide.

Ainsi, par des méthodes de spectroscopie infrarouge, d'analyse de fluorescence X et de viscosimétrie, il a été établi que le modificateur est immobilisé sur des macromolécules de caoutchouc isoprène [4, 20]. Les caoutchoucs à base de caoutchouc modifié avec un complexe protéines-lipides précuit ont des propriétés de performance plus élevées. En même temps, les indicateurs de performance, dans leur ensemble, ne dépendent ni de la méthode de préparation de l'unité ni de la méthode de modification de la SKI-3 (échantillons 4-7, tableau 3.10).

Pour étudier l'influence de la quantité de BLK sur les propriétés du mélange de caoutchouc et des agents de vulcanisation à base de SKI-3, nous avons utilisé des complexes protéine-lipide obtenus par la deuxième méthode à FLC/HCB=1:3. La modification du caoutchouc industriel SKI-3 a été réalisée par la méthode de la phase solide [20]. Le nombre de modificateurs varie de 0 à 6 par 100 heures de caoutchouc.

L'analyse des courbes de vulcanisation a montré que l'augmentation de la dose de modificateur entraîne, dans l'ensemble, une diminution du temps de vulcanisation optimal et une augmentation du taux de vulcanisation des mélanges de caoutchouc (tableau 3.11).

Tableau 3.11 - Caractéristiques de vulcanisation des mélanges de caoutchouc

Numéro de recette	Quantité de modificateur, h.m. par 100 h.m. de caoutchouc	Caractéristiques de vulcanisation*				
		ML, dN*m	MN, dN*m	t_s, min.	$tc_{(90)}$, min.	Rv, min.$^{-1}$
1	2	3	4	5	6	7
Échantillon de référence	-	16	41	1,7	14,3	7,9
1	1	16	42	1,5	13,5	8,3
2	2	17	43	1,2	12,3	9,0
3	3	17	45	1,2	12,0	9,3
4	4	17	46	1,1	11,2	9,9
5	5	17	50	1,2	10,5	10,8
6	6	17	42	1,1	10,3	10,9

* ML, MN - couples minimum et maximum, respectivement ; t_s - temps de début de vulcanisation ; $tc_{(90)}$ - temps de vulcanisation optimal ; Rv - taux de vulcanisation.

La dépendance de la force de cohésion des mélanges de caoutchouc (fig. 3.13, a), ainsi que la résistance à la traction conditionnelle (fig. 3.13, b), la résistance à la déchirure (fig. 3.13, c), la contrainte conditionnelle à un allongement de 300 % (fig. 3.13, d) des agents de vulcanisation sur la quantité de modificateur ont, dans l'ensemble, un caractère extrême avec le maximum dans l'intervalle de 2-5 en poids pour 100 en poids de caoutchouc. C'est le contenu du modificateur et il est optimal.

Lors du traitement du caoutchouc isoprène, il y a des processus de destruction thermomécanique et oxydative, accompagnés d'une diminution de son poids moléculaire.

Selon les données de la littérature [4, 35], les protéines et les acides aminés sont des stabilisateurs naturels. À cet égard, il était intéressant d'évaluer l'influence de la CLB sur les masses moléculaires et la distribution des masses moléculaires du caoutchouc soumis à un traitement thermomécanique (dans le mélangeur de caoutchouc Brabender à 75-80 °C, pendant 7 min).

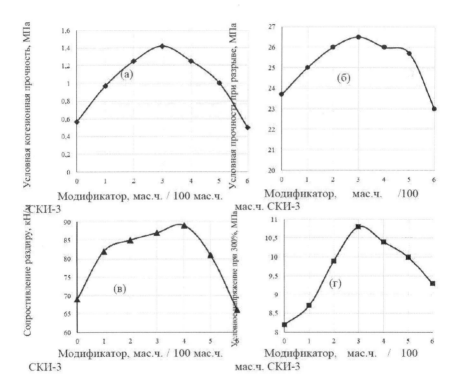

Par la méthode de chromatographie par perméation de gel, il a été établi (tableau 3.12) que le nombre moyen de caoutchouc d'origine diminue ($\bar{M}n$) et la masse moyenne ($\bar{M}w$) Masses moléculaires par opposition à l'échantillon modifié, dans lequel 3 mas.h. ont été introduits. BLK pour 100 mas.h. de caoutchouc.

L'effet observé peut être expliqué par la capacité des acides aminés à inhiber le processus de destruction thermique par oxydation [4]. Augmenter la valeur de la masse moléculaire $\overline{M}z$ dans le caoutchouc modifié, par rapport à l'échantillon témoin, est très probablement associé au greffage du modificateur sur des macromolécules de polymère (voir figure 3.12), ce qui entraîne la formation de structures ramifiées et l'allongement des macromolécules.

Tableau 3.12 - Caractéristiques de masse moléculaire des caoutchoucs d'isoprène

Indicateur*	Source SKI-3	SKI-3 après traitement thermique	SKI-3, bloc modifié, après traitement thermique
$\overline{M}_n \cdot 10$-6, Oui	0,796	0,410	0,766
$\overline{M}_w \cdot 10$-6, Oui	1,014	0,717	1,079
$\overline{M}_z \cdot 10$-6, Oui	1,227	0,987	2,076
$\overline{M}_w / \overline{M}_n$	1,275	1,748	1,409

*Note : $\overline{M}n$ est la masse moléculaire moyenne, $\overline{M}w$ est la masse moléculaire moyenne, $\overline{M}z$ est la masse moléculaire moyenne, $\overline{M}w/\overline{M}n$ - distribution du poids moléculaire

Une distribution de poids moléculaire plus étroite en comparaison avec les données connues [32] peut être due au fait que l'auteur de l'ouvrage [32] a utilisé du toluène pour dissoudre le SKI-3. Dans le cas décrit [20], les données sur les caractéristiques moléculaires n'ont été obtenues que pour la fraction de caoutchouc soluble dans le tétrahydrofuranne.

Ainsi, la quantité optimale de complexe protéino-lipide de composition FLC/HCB = 1:3, égale à 2-5 mas.h. pour 100 mas.h. de caoutchouc SKI-3, ce qui a un effet extrême sur le complexe de propriétés des mélanges de caoutchouc et des caoutchoucs.

La confirmation de l'efficacité [20] des complexes protéines-lipides développés sont les résultats d'essais pilotes dans la JSC "Chapaev ChPO" de caoutchoucs sur la base de SKI-3, qui sont utilisés pour couvrir les bandes transporteuses en caoutchouc-tissu fonctionnant dans le domaine des courants à haute fréquence. Il a été constaté que le modificateur ne cause aucune complication technologique lors de l'introduction d'un mélange de caoutchouc dans la matrice de caoutchouc. L'utilisation de BLK en quantité de 3 wtch sur 100 wtch de caoutchouc favorise l'augmentation de la durabilité conditionnelle à un étirement de vulcanisé sur la base de SKI-3 de 30 %, la résistance à la déchirure - 55 %, la durabilité de l'adhésif (entre les couches "caoutchouc-tissu" - 37 %, "métal-caoutchouc" en moyenne sur 20 %), et aussi le modificateur donné influence positivement les caractéristiques de fonctionnement (tab. 3.13).

Tableau 3.13 - Indicateurs physiques et mécaniques des vulcanisations sur la base du SKI-3

Nom des indicateurs	Chiffre en caoutchouc	
	Contrôle naya	Modifié par . naya 3 mas.h. BLK
Tension à 300 % d'allongement, MPa	7,3	8,1
Résistance à la traction conditionnelle, MPa	12,8	**16,8**
Allongement relatif à la déchirure, en %.	500	640
Dureté sur la rive A, nourriture. Rivage A	82	77
Élasticité de rebondissement, %.	40	42
Résistance à la déchirure, kN/m	31	**48**
Changements après vieillissement dans l'air (100oC x 24 heures) : - sur la résistance à la traction conditionnelle, en %. - par allongement relatif à la déchirure, en %. - par la dureté de Shore A, entendu.	 -13,0 -27,2 +2	 **-10,9** **-17,8** +1
Force d'adhérence caoutchouc-tissu (polyester imprégné TLC), kg/cm	3,44	4,71
Résistance à la déchirure statique (sur les champignons) "métal-caoutchouc", kg/cm2 - avec l'adhésif 51K-38 - en travers du laiton	 35,1 39,7	 **40,4** **49,9**

Ainsi, pour la première fois, l'influence du rapport entre le concentré de phospholipides et l'hydrolysat de protéine de kératine sur le diamètre des particules des complexes protéine-lipide formés obtenus par la méthode des micelles inversées en milieu organo-hydrique a été mise en évidence. L'optimisation du rapport entre le concentré de phospholipides et l'hydrolysat de protéine de kératine pour obtenir le BLK, dont le diamètre des particules est la taille minimale, a été réalisée. L'influence de la quantité de BC introduite dans les mélanges de caoutchouc sur la base de SKI-3 sur leurs propriétés de cohésion, ainsi que sur la résistance à la rupture et la durabilité conditionnelle lors d'un étirement des vulcanisateurs [20] est révélée.

LISTE DE REFERENCE

1. Potapov, E.E. Modification chimique des élastomères en vue d'obtenir un analogue synthétique de NK (en russe) / E.E. Potapov, Yu.E. Goncharova, E.G. Imnadze [et al.] // Caoutchouc et caoutchouc. - – 2004. - – № 1. - – C. 48-57.

2. Pat. 2125067 Fédération de Russie / Mélange de caoutchouc / U.E. Goncharova, E.E. Potapov, E.V. Sakharova. - C'est déclaré. 24.01.1997, pub. 20.01.1999.

3. Goncharova, Yu. E. Recherche sur l'influence des modificateurs biologiquement actifs sur les propriétés des mélanges de caoutchouc à base de polyisoprène synthétique : Diss... ... Cand. des Sciences Techniques / Y.E. Goncharova. - – M., 1998. - – 217 c.

4. Kolotilin, D.V. Hydrolysats des polypeptides contenant du soufre (kératines) comme nouveaux ingrédients des matériaux composites polymères (en russe) / D.V. Kolotilin, E.E. Potapov, S.V. Reznichenko [et al.] // Caoutchouc et caoutchouc. - – 2016. - – № 3. - – C. 18-23.

5. Les gitans, moi. Modification du caoutchouc isoprène synthétique avec des phospholipides : dis. ...Cand. des Sciences / M.E. Les gitans. - Kazan, 2012. - – 146 c.

6. Les gitans, moi. Dispersion de carbone technique dans des mélanges de caoutchouc sous l'influence d'un concentré de phospholipides (en russe) / E.M. Tsyganova, A.P. Rachmatullina, A.G. Liakumovich [et al.] // Messager de l'Université technologique de Kazan. - – 2011. - – №4. - – C. 105-109.

7. Les gitans, moi. Caoutchouc synthétique d'isoprène modifié par des phospholipides pour les pneus (en russe) / E.M. Tsyganova, A.P. Rahmatullina, A.G. Liakumovich // Proc. de la IIe Conférence scientifique et technique panrusse "Caoutchouc et caoutchouc - 2010". M. – 2010. - – C. 176.

8. Les gitans, moi. Évaluation de la compatibilité du polyisoprène synthétique avec les phospholipides (en russe) / E.M. Tsyganova, T.M. Bogacheva, N.E. Tsyganov [et al.] // Vestnik de l'Université technologique de Kazan. 2011. - №18. - C. 116-124.

9. Les gitans, moi. Modification par phospholipides - comme moyen d'améliorer les propriétés des caoutchoucs isoprène et des caoutchoucs à base de celui-ci / E.M. Tsyganova // Proc. du XVIe Conf. interdépartementale des étudiants, des post-gradués et des jeunes scientifiques de "Lomonosov". - – M. 2009. URL : http://lomonosov-msu.ru/archive/Lomonosov_2009/28_3.pdf (date de l'adresse : 01.01.2016).

10. Les gitans, moi. Étude de la composition du concentré de phospholipides - un modificateur du polyisoprène / E.M. Tsyganova, A.P. Rachmatullina, A.G. Liakumovich [et al.] // Recherches fondamentales. - – 2011. - – №12. - – C. 187-193.

11. Les gitans, moi. Étude du mécanisme de modification du polyisoprène par le concentré de phospholipides (en russe) / M.E. Tsyganova, A.P. Rachmatullina, V.G. Uryadov // Butlerov Communications. - – 2018. - Vol. 54. - N° 6. - P. 11-18.

12. Eng, A.H. Non-caoutchoucs et groupes anormaux dans le caoutchouc naturel / A.H. Eng // RSC Polymer Chemistry. Série № 7. - 2014. - Vol. 1. - – P. 53-72.

13. Klopman, G.N. Capacité de réaction et modes de réaction : monographie / G.N. Klopman. - Moscou : Monde, 1977. - – 384 c.

14. Woodward, R. Conservation de la symétrie orbitale / R. Woodward, R. Hoffman. - Moscou : Monde, 1971. - – 207 c.

15. Korolkov, D.V. Chimie théorique : un manuel / D.V. Korolkov, G.A. Skorobogatov. - 2e édition, interrompue et complémentaire - Saint-Pétersbourg : St. Petersburg Un, 2005. - – 655 c.

16. Chu, Hualei. Un nouveau polyisoprène modifié par la phosphatidylcholine : synthèse et caractérisation / Hualei Chu, Yuanqing Song, Jiehua Li [et al.] // Colloïde. Polym. Sci. - 2016. - Vol. 294. - Question 2. - – P. 433–439.

17. Tsyganova, M.E. Etude de l'activité de diffusion des phospholipides dans le caoutchouc isoprène / M.E. Tsyganova, M.S. Akhmedianov, A.P. Rahmatullina, A.G. Liakumovich, E.E. Potapov, G.S. Stepanova // Caoutchouc et caoutchouc. - – 2014. - – №. 1. - C.16-18.

18. Rahmatullina, A.P. Synthèse et étude des modificateurs pour le polyisoprène synthétique à base de phospholipides végétaux (en russe) / A.P. Rahmatullina, A.A. Aristova, Ya.D. Samuilov // Proc. du VIIIe congrès scientifique russe "Chimie et technologie des substances végétales", Kaliningrad. - – 2013. - – C. 188.

19. Linnik, A.I. Recherche et développement de la technologie du traitement des déchets de l'agriculture et de l'industrie alimentaire (en russe) / A.I. Linnik, O.V. Krieger, I.S. Milentieva [et al.] // Production et traitement des produits agricoles. - – 2012. - – № 4. (29). - – C. 77-82.

20. Chan, H.T. Modification du polyisoprène synthétique par les systèmes protéino-lipidiques d'origine naturelle : dis. ...Candidat des sciences techniques / H.T. Chang. - Kazan, 2018. - – 138 c.

21. Tarasevich, B.N. Spectres IR des classes de base des composés organiques. Matériaux de référence / B.N. Tarasevich. - Moscou : Université d'État de Moscou Lomonosov, 2012. - – 54 c.

22. Podosokorskaya, O.A. Traitement des déchets des élevages de volailles : approches et perspectives modernes / O.A. Podosokorskaya // Auditorium. - – 2017. - – 3 (15) №. - – C. 29-35.

23. Grishin, B.S. Théorie et pratique du renforcement des élastomères. État et tendances du développement / B.S. Grishin. - Kazan : KNITU, 2016. - – C. 305-333.

24. Mchedlov-Petrosyan, N.O. Colloidal tenfactants : an educational and methodical manual (en russe) / N.O. Mchedlov-Petrosyan, A.V. Swan, V.I. Swan. - Kharkov : KhNU nommé d'après VN Karazin, 2009. - – 72 c.

25. Chan, H.T. Étude de l'influence des complexes protéino-lipides sur les propriétés de vulcanisation sur la base du polyisoprène synthétique (en russe) / H.T. Chan, A.P. Rachmatullina, A.D. Husainov, V.E. Proskurina, Yu. 2018. - – №1. - – C. 9-16.

26. Pantyukhin, A.V. Aspects modernes de l'utilisation des substances tensioactives naturelles dans une technologie pharmaceutique (en russe) / A.V. Pantyukhin, E.F. Stepanova, A.Yu. Petrov // Bulletins scientifiques de la BelGU. Série de médecine. Pharmacie. - – 2012. - – № 4 (123). - – C. 228–233.

27. Tran, H.T. Modification of synthetic polyisoprene by protein-lipid complex / H.T. Tran, A.P. Rakhmatullina, V.E. Proskurina, Y.G. Galyametdinov // International Biomaterials Symposium. - Da Nang, 2018. - – P. 25.

28. Nawamawat, K. Nanostructure de surface des particules de latex de caoutchouc naturel de Hevea brasiliensis. / K. Nawamawat, Jitladda T. Sakdapipanich, Chee C. Ho [et al.] // Colloids Surfaces A Physicochem. Eng. Asp. - – 2011. - Vol. 390. - – C. 157-166.

29. Chan, H.T. Modification du caoutchouc isoprène synthétique par les complexes protéine-lipide (en russe) / H.T. Chan, A.P. Rachmatullina, V.E. Proskurina, Yu. VIII Conférence panrusse avec participation internationale "Caoutchouc et caoutchouc - 2018 : traditions et innovations". - – M., 2018. - – C. 71.

30. Rakhmatullina, A.P. Concentré de phospholipides végétaux - un substitut d'huile efficace pour les huiles de caoutchouc (en russe) / A.P. Rachmatullina, H.T. Chan, M.E. Tsyganova // Proc. of IX Baku Interdepartmental conf. on petrochemistry. - Bakou, 2016. - – C. 220.

31. Le manuel de Rubber. Matériaux de fabrication du caoutchouc (en russe) / Note de la rédaction : P.I. Zakharchenko [et al.] ; Note de la rédaction : I.A. Scuba. - M : Chimie, 1971. - – 608 c.

32. Galimova, E.M. Mekhanoactivation du SKI-3 et son influence sur sa structure et ses propriétés : Autoref. disque. ...Candidat de la Science. / E.M. Galimova. - Kazan, 2009. - – 19 c.

33. Guzhova, S.V. Matériau thermoélastoplastique pour bouchons à usage pharmaceutique : dis. ... Cand. des Sciences Techniques / S.V. Guzhova. - Kazan, 2017. - – 170 c.

34. Kornev, A.E. Technologie des matériaux élastomères : manuel pour les universités (en russe) / A.E. Kornev, A.M. Bukanov, O.N. Sheverdyaev. - Moscou : NPPA "Istek", 2009. - – 504 c.

35. Pat. 2539693 Fédération de Russie / Antioxydant aminé pour les caoutchoucs et le caoutchouc et son mode de préparation / A.V. Dementiev, S.M. Kavun, A.S. Kolokolnikov, A.S. Medzhibovsky, N.F. Ushmarin. - C'est une réclamation. 25.12.2013, op. 27.01.2015.

CHAPITRE 4. MÉTHODES DE PRODUCTION, PROPRIÉTÉS ET APPLICATION DE L'HUILE DE CAOUTCHOUC - DÉCHETS DE CAOUTCHOUC NATUREL.

En raison de l'utilisation répandue de gevea brasiliensis (1) en Afrique tropicale, en Amérique du Sud et en Asie du Sud-Est, qui est la source commerciale la plus importante de caoutchouc naturel (NR), l'utilisation qualifiée de ce déchet agricole est d'une grande importance économique.

Dans le monde, le caoutchouc naturel est produit en volumes considérables - plus de 11 millions de tonnes par an. Trois pays sont les leaders de sa production : la Thaïlande, l'Indonésie et la Malaisie, qui représentent 70 % de la production totale de NC. Dans les autres pays - la production de caoutchouc naturel est d'environ : l'Inde (8,9%), le Vietnam (6,7%) et la Chine (5,5%).

Tableau 4.1 Estimation des volumes de production de MKD en Asie du Sud-Est. Les valeurs sont basées sur les quantités estimées de rendement en caoutchouc, en tenant compte de la densité de plantation des gays et du rendement en graines dans la région [1].

Pays	Superficie de la plantation de Gevey (milliers d'ha)	Quantité moyenne de graines de caoutchouc (milliers de tonnes)	Montant reçu de milliers de MKD tonnes)
Cambodge	36	56	9332
Bangladesh	59	92	15
Myanmar	198	308	51
Sri Lanka	127	197	32
Philippines	161	251	414
Vietnam	459	714	119
Inde	485	754	126
Chine	597	928	155
Malaisie	1,117	1,735	289
Thaïlande	2,042	3,172	529
Indonésie	3,456	5,367	895
Asie du Sud - Est	7,476	11,611	1,936
Asie	8,745	13,583	2,264

On sait [2] que l'obtention de NK entraîne la formation de trois principaux sous-produits : le miel, les graines de caoutchouc et le bois de caoutchouc.

Actuellement, il y a une grande demande sur le marché pour le bois de gewey, qui a d'excellentes propriétés. Non seulement les meubles, mais aussi le parquet, les ustensiles de cuisine, les articles de décoration et les équipements sportifs sont fabriqués dans ce bois.

L'arbre Gewey est résistant à l'usure, robuste, résistant aux températures élevées et basses, et résistant à une forte humidité. Cela s'explique par le fait que l'Hevea brasiliensis pousse dans les forêts humides, où les conditions ne permettent tout simplement pas aux arbres ayant d'autres propriétés de survivre.

La résistance au gel du bois de Gevea est due à l'extrême sécheresse du matériau. Après le séchage, le bois a un taux d'humidité de 8 à 10 %, de sorte qu'en cas de gel, il ne se fendille pas, même si les produits se trouvent dans une pièce non chauffée.

L'imprégnation naturelle avec du jus de caoutchouc permet de protéger la rangée de cet arbre de l'absorption d'humidité et des diverses odeurs. Les lits en bois hébraïque sont recommandés pour les personnes qui souffrent d'allergies.

Le miel obtenu à partir des fleurs d'Hevea brasiliensis est de qualité moyenne et n'est pas de qualité particulièrement élevée. En même temps, c'est un produit alimentaire assez recherché dans les pays de culture homosexuelle.

Les graines de caoutchouc sont un important déchet du caoutchouc naturel avec diverses applications industrielles. Ces graines sont légères, ovoïdes et aplaties sur un côté. La graine est constituée d'une enveloppe dure et cassante recouvrant librement un noyau de couleur crème. Le poids des semences varie de trois à six grammes et l'intervalle de ces changements est déterminé par le type de sol, l'âge des semences et l'humidité du climat.

Au cours des dernières décennies, des tentatives ont été faites pour utiliser de manière rationnelle les milliers de tonnes de graines de caoutchouc produites dans la production de NK, dont la quantité est d'environ 150 kg/ha.

Ce nombre est influencé par des facteurs tels que la maladie foliaire anormale Hevea brasiliensis, la génétique et les conditions météorologiques.

Les graines de caoutchouc peuvent être utilisées pour la production d'huile d'hévéa (MKD), qui présente en principe un intérêt pratique pour de nombreuses industries, y compris le biodiesel, comme carburant pour les moteurs à compression, comme lubrifiants, moussage dans la mousse de latex, un composant pour la synthèse de la résine alkyde utilisée dans les peintures et les revêtements. L'IDC peut également être utilisé pour le remplacement partiel de l'huile minérale, et comme support pour le fongicide au cuivre dans le traitement de la maladie de chute anormale des feuilles de caoutchouc.

Les données de différents auteurs [2-4] montrent de grandes différences dans la composition des graines de caoutchouc fraîches et des noyaux séchés. Les tableaux 4.2 et 4.3 présentent ces données :

Tableau 4.2 Composition des graines fraîches

Composition	Quantité (%)
Gaine	35
Noyau	40
Humidité	25

Tableau 4.3 Composition des noyaux séchés

Composition	Quantité (%)
Beurre	42
Humidité	5
Gâteau	53

Les grains séchés contiennent une petite quantité d'acide cyanhydrique, qui peut être réduite en diminuant la teneur en humidité à mesure que la période d'entreposage s'allonge. Lorsque la durée de stockage du noyau passe de une à vingt semaines, la teneur en acide cyanhydrique diminue de près d'un ordre de grandeur.

Les graines de caoutchouc contiennent une enzyme grasse qui décompose l'huile de caoutchouc en glycérine et en acides gras libres. Cela rend l'huile rance et inutilisable. Toutefois, si les graines sont récoltées dans les deux ou trois jours suivant leur chute de l'arbre et immédiatement traitées thermiquement à des températures supérieures à 50°C, cette enzyme peut être détruite. Cela permet d'obtenir une huile de bonne qualité avec une acidité relativement faible (selon [2], pas plus de 2 % d'acides gras libres (AGL).

L'huile d'hévéa fraîchement récoltée contient moins de 0,5 % d'acide oléique, mais en deux mois de stockage, la concentration de LPH peut atteindre près de 27 %. Il est donc nécessaire de sécher les graines de caoutchouc jusqu'à la teneur en humidité d'équilibre avant de les stocker.

Le séchage au taux d'humidité requis ralentit le métabolisme des graines et augmente ainsi leur durée de conservation. Il empêche également la croissance des champignons et des bactéries et ralentit considérablement l'activité des insectes, des parasites et des tiques.

Le fait de chauffer les graines à 120 °C pendant une heure ou à 50 °C pendant environ 48 heures peut détruire l'enzyme brisant les graisses et les graines peuvent être stockées sans augmenter inutilement la teneur en acides gras libres.

Les tissus cellulaires non endommagés du noyau sont capables de supporter, sans aucune perte, la température nécessaire pour détruire toutes les enzymes présentes. Le nettoyage de l'huile est plus facile si la teneur en GPL est inférieure à 5%. Si la semence traitée a été détruite, elle est rosée à l'intérieur. Cette méthode de stockage semble être tout à fait satisfaisante.

Les expériences menées par les auteurs [4] ont montré qu'un noyau convenablement séché peut être stocké pendant 4 mois, voire une demi-année, sans détérioration notable des propriétés si l'humidité de stockage est contrôlée.

La plupart des graines de l'hévéa sont récoltées à la main. Les graines, partiellement séchées au soleil, pressent le noyau à l'intérieur de la coquille. Il permet de séparer plus facilement le noyau de l'enveloppe sans l'endommager. Les graines partiellement séchées sont placées sur le sol et détruites à l'aide d'un marteau en bois. Les noyaux endommagés et décolorés sont jetés à ce stade.

La graine fraîche et son noyau contiennent environ 638 et 749 mg d'acide cyanhydrique (HCN) par kg, respectivement. On signale que l'entreposage à la température ambiante pendant une période minimale de 2 mois est efficace pour réduire ce composant toxique.

Il est recommandé d'effectuer un traitement thermique suffisant des graines de caoutchouc pour décontaminer la lipase, peu après avoir recueilli les graines pour le stockage, afin d'obtenir une huile à teneur relativement faible en LPL.

Un arbre de gewey en bonne santé donne en moyenne environ 500 g de graines chaque année, ce qui représente environ 45 à 60 % de son poids. Le rendement du MKD dépend fortement du clone gay, de son climat de croissance et de la méthode d'extraction de l'huile des grains de caoutchouc.

Les méthodes couramment utilisées pour produire de l'huile végétale à partir de graines oléagineuses sont : le pressage mécanique, l'extraction par solvant et, plus récemment, l'extraction mécanique au gaz [3].

Trois méthodes principales sont utilisées pour obtenir l'IDC [4-7] :

1. - différentes méthodes de pressage hydraulique,

2. - extraction par solvant,

3. - écrasant.

Pour réduire la teneur en acides gras libres dans la composition de l'huile d'hévéa, il est proposé d'utiliser [8] les mesures suivantes :

1. Récolte précoce de graines fraîches.

2. Leur destruction, pour enlever les coquilles qui ne contiennent pas d'huile.

3. Stérilisation des noyaux. Ceci est nécessaire pour détruire les enzymes qui décomposent les graisses présentes dans les graines. Les noyaux sont placés dans un stérilisateur à vapeur et chauffés à la pression atmosphérique pendant une courte période de temps.

4. Séchage des noyaux dans les fours (ou au soleil). En même temps, le type de four habituel avec un plancher en béton armé sur lequel les noyaux sont situés à une extrémité sous le plancher et la cheminée à l'autre extrémité est tout à fait approprié.

5. Stockage dans un endroit chaud et sec.

Il a été noté que les enrobages et les noyaux des graines de caoutchouc avaient la même densité apparente, ce qui empêchait leur séparation effective après destruction par des méthodes classiques. Les noyaux deviennent bruns au fur et à mesure qu'ils sont stockés et le rendement en huile est réduit.

L'extraction de l'huile des graines de l'hévéa est un processus complexe, car les graines contiennent une proportion importante de matières solides.

Le pressage hydraulique à froid du noyau de la graine de caoutchouc donne un rendement en huile plus élevé que le broyage. Cette méthode est plus facile à utiliser et l'huile produite avec elle est de meilleure qualité. Toutefois, le rendement maximal de MKD obtenu dans ce cas est relativement faible par rapport à l'huile contenue dans les grains de caoutchouc.

En revanche, la méthode d'obtention de l'extraction IDC nécessite l'utilisation de solvants inflammables, comme l'hexane [5]. De plus, bien que le rendement du MKD soit plus élevé avec cette méthode qu'avec le pressage, on constate une diminution de la qualité de l'huile produite. Cela est dû à l'extraction des composants indésirables par le solvant des graines oléagineuses en même temps que l'huile.

La méthode d'extraction mécanique des MKD à l'aide de gaz est une combinaison de pressage et d'application de dioxyde de carbone supercritique. Dans ce processus, le dioxyde de carbone est dissous dans l'huile contenue dans les graines de l'hévéa avant d'être pressé.

Les avantages de cette méthode sont que l'on extrait plus d'huile qu'avec un simple pressage, mais sans compromettre sa qualité, comme pour l'extraction. Ceci est dû au fait que la pression mécanique utilisée est beaucoup plus faible que dans le pressage conventionnel, et que le dioxyde de carbone a un effet stérilisant sur le MCD.

Pour une extraction efficace de l'huile d'hévéa, il est nécessaire d'étudier en détail l'influence des principaux paramètres de travail, tels que la température, la pression, l'humidité et la taille des grains de caoutchouc, sur son rendement et sa qualité, car ils déterminent la quantité de l'IDC obtenu et ses propriétés physiques et chimiques [6,7].

Les principaux inconvénients de l'extraction par solvant sont les coûts initiaux élevés de l'équipement et le fait que certaines graines sont détruites par l'exposition au solvant. Cependant, l'extraction par solvant est, selon un certain nombre de chercheurs [8,9], une méthode d'extraction du MKD encore assez efficace.

En étudiant l'influence de la polarité du solvant sur le rendement en huile et ses propriétés, les auteurs [8] ont constaté que le pouvoir d'extraction à l'équilibre de chaque solvant dépend de deux facteurs : la nature de l'huile et la polarité du solvant.

L'étude de l'efficacité de l'extraction par différents solvants à différentes températures, selon les auteurs [9], a montré que le dichlorométhane est le plus prometteur parmi tous les solvants pour améliorer le rendement en pétrole.

Les solvants tels que l'ester pétrolier, le trichloréthylène, l'hexane et le naphtaène peuvent également être utilisés pour produire de l'huile à partir de grains de caoutchouc.

La récupération des solvants, selon [10], donne un meilleur rendement en huile que la méthode sous pression. Ainsi, en utilisant la méthode d'extraction, les auteurs de ce travail ont obtenu le rendement de produit suivant :

Beurre - 19,30
Gâteau - 76,60
Sédiments - 2,93
Pertes - 1,17 %.

Le MKD obtenu lors de l'extraction a une odeur semblable à celle de l'huile de lin et une couleur jaune pâle. Il peut être complètement décoloré en utilisant de l'acide sulfurique dilué et ensuite filtré avec un adsorbant approprié.

Le sous-produit après l'extraction du pétrole est le tourteau, qui peut être utilisé comme engrais ou comme fourrage pour le bétail. Le gâteau contient environ 26-29% de protéines, contre, par exemple, 10% de protéines dans la noix de coco [10].

Le gâteau peut être utilisé comme un concentré de protéines dans l'alimentation des vaches laitières et est adéquat dans les aliments autorisés pour soutenir la production laitière. Des expériences à long terme montrent que le gâteau peut être incorporé dans l'alimentation du bétail sans affecter la qualité et la quantité de lait ou de beurre produit.

La concentration minimale d'huile à laquelle la teneur en tourteaux peut être réduite par pression mécanique est à peu près la même pour toutes les graines oléagineuses, soit environ 2 à 3 % [11].

Les semences fraîches à forte humidité doivent être séchées au soleil, soit dans une machine à sécher, soit dans une armoire de séchage pour porter l'humidité à 7-15 pour cent. Souvent, les graines de l'hévéa sont séchées dans un séchoir à lots fonctionnant dans la plage de température de 60 à 70°C [11-13].

Ensuite, les graines doivent être détruites pour séparer l'enveloppe et le noyau. On rapporte que le broyage en deux étapes des noyaux dans les explorateurs produit 6-7 pour cent de tourteau et 40-45 pour cent d'huile.

Les estimations du rapport entre l'huile et les tourteaux obtenus par la méthode d'extraction, données par des chercheurs du Sri Lanka [13], sont les suivantes :

Beurre - 16,7

Gâteau - 69,4

Pertes résiduelles et autres pertes - 13,9

Des scientifiques de Malaisie fournissent [11] des résultats de ce genre en utilisant la même méthode pour extraire les CDI des grains de caoutchouc :

Beurre - 29,4

Gâteau - 43,5

Pertes résiduelles et autres pertes - 27,1 %.

Ainsi, les données des différents chercheurs sont sensiblement différentes. A notre avis, le climat dans lequel pousse le gay, le solvant utilisé et les paramètres spécifiques des procédés d'extraction jouent un rôle.

Les huiles végétales (RM) sont des triglycérides (esters complets de glycérine et d'acides gras basiques simples). La plupart d'entre eux sont formés par des acides gras ayant 1 à 3 doubles liaisons et une longueur de chaîne de 14 à 22 atomes de carbone [3].

La structure chimique des huiles végétales offre la possibilité de leurs différentes transformations chimiques. Les paramètres les plus importants affectant les propriétés de leurs produits sont la composition en acides gras des huiles [5] (qui dépend du type de culture, de la saison et du climat dans lequel elle pousse), la teneur en acides gras libres, la longueur de leurs chaînes de carbone, la stéréochimie des doubles liaisons de leurs fragments, ainsi que le degré d'insaturation.

De RM, le plus courant est le soja, suivi par l'huile de palme, de tournesol et de colza. Le tableau 4.4 présente une comparaison de la composition en acides gras et des propriétés de base de l'huile d'hévéa par rapport aux huiles de soja et de palme.

Tableau 4.4. Composition comparative des acides gras et propriétés de base du caoutchouc, des huiles de soja et de palme [6].

Nom de l'acide gras	Fraction en masse de l'acide gras, % par rapport à la somme des acides gras		
	MKD	Huile de soja	Beurre de palme
Acide laurique $C12_{:0}$	-	0-0,3	Pas plus de 0,5
Acide myrtique $C14_{:0}$	-	0-1,0	0,5-2,0
Acide palmitique $C16_{:0}$	8-10	7-11	39,3-47,5
Acide stéarique $C18_{:0}$	7-12	2-6	3,5-6,0
Acide oléique $C18_{:1}$	17-28	2.6	36,0-44,0
Acide linoléique $C18_{:2}$	33-39	43-56	9,0-12,0
Acide linolénique $C18_{:3}$	14-26	5-11	Pas plus de 0,5
Indice d'iode, mg I2/g	132-148	128-143	50,0-55,0

Les polymères à base d'huiles végétales sont obtenus principalement par des méthodes de polymérisation radicalaire et ionique [5]. Un sous-produit de la synthèse de l'ester méthylique d'acide gras (biodiesel) est la glycérine, dont l'utilisation présente un intérêt indépendant [14-16].

Des méthodes de copolymérisation de dérivés de RM et de GPL ont été développées, à partir desquelles des polyuréthanes, des résines époxy et alkydes, des polyamides et des polymères vinyliques peuvent être produits [17-22].

Résines alkydes - une classe de polyesters produits par la réaction de polyols, d'acides polyatomiques ou d'anhydrides avec des dérivés du LHC. [19]. L'obtention de ces produits est l'une des plus anciennes applications des huiles végétales dans la chimie des polymères.

Un des réactifs les plus intéressants, produit sur la base de RM, sont les huiles végétales époxydées (ERM). Grâce à la grande réactivité de l'anneau d'oxyrane, ils constituent une matière première prometteuse pour la synthèse d'une large gamme d'ingrédients utilisés dans l'obtention et la transformation des polymères [9].

Les travaux [22] sur l'utilisation de ces ressources renouvelables pour la synthèse des polyuréthanes (PU), dans lesquels des huiles végétales époxy étaient utilisées pour produire des polyols, sont connus.

Ainsi, les données de la littérature montrent qu'il est possible d'obtenir un haut degré d'époxydation des huiles végétales de différents degrés de purification obtenues à partir de différentes cultures oléagineuses. En même temps, il faut tenir compte de la relative facilité de fonctionnalisation des ERM, qui en fait une matière première extrêmement précieuse pour la chimie des polymères.

L'accent devrait être mis sur l'utilisation d'huiles végétales non alimentaires [3].

De ce point de vue, l'huile d'arbre à caoutchouc (Rubber Oil) est particulièrement intéressante, car elle peut être utilisée [12] pour la production de savons, de peintures alkydes, de graisses pour l'industrie du tannage, de graisses. Le MKD peut également être utilisé avec succès comme alternative au carburant diesel.

Toutefois, le potentiel de ce pétrole n'a pas été pleinement exploité par l'industrie, en raison du manque de technologies efficaces et d'informations pertinentes dans ce domaine. En particulier, l'application du MKD et de son dérivé - l'huile époxy d'arbre à caoutchouc (EMKD) dans les élastomères et les plastiques n'est pratiquement pas étudiée et présente un intérêt scientifique et pratique [5].

Lors de l'étude des possibilités d'application de l'huile d'hévéa en " chimie verte ", il faut tenir compte du fait qu'elle contient plus d'acides gras libres que les autres huiles végétales.

L'IAC est un mélange de triglycérides, de mono- et diéthers de glycérine et d'acides gras, d'acides gras et de glycérols [12,13], dont la composition dépend des conditions (climatiques) de croissance de la culture oléagineuse, ainsi que de la méthode d'extraction et de stockage de l'huile.

Le CIA est, d'un point de vue environnemental, une matière première plus prometteuse pour la chimie verte que, par exemple, l'huile de soja (Soya Oil) disponible dans le commerce et très répandue. Cela est notamment dû au fait que, contrairement à cette dernière, l'huile d'hévéa ne peut être consommée par l'homme pour l'alimentation ou utilisée dans la production d'aliments pour animaux [12-13]. Ceci est dû à la présence dans l'huile d'hévéa de glycosides cyanogènes qui, sous l'action d'une enzyme spécifique ou d'un acide faible, se transforment en cyanure toxique [13].

De plus, l'huile de soja est le produit cible et le MKD est un sous-produit. Il est également important que la teneur en huile des céréales, le soi-disant arbre à caoutchouc, soit beaucoup plus élevée que celle du soja.

Les facteurs économiques doivent également être pris en compte. THUS, MKD IN SO UTHEAST ASIA COSTS ABOUT 0.4 EUROS °Т, AND SOYBEAN OIL-1 ЕВРО°Т.

Comme la superficie des plantations d'*Hevea brasiliensis* dans les pays d'Amérique du Sud et d'Asie du Sud-Est est actuellement de plusieurs millions d'hectares, le potentiel de production d'huile d'*hévéa est* énorme et atteint des millions de tonnes par an dans le monde.

Il est donc urgent de développer des méthodes qualifiées et efficaces pour obtenir et utiliser ce sous-produit comme matière première végétale renouvelable pour les industries chimiques et autres.

Le degré d'extraction du MKD par la méthode d'extraction dépend dans une certaine mesure du degré de broyage des grains d'hévéa, du temps pendant lequel ce processus est effectué, de sa température, qui correspond souvent au point d'ébullition du solvant appliqué [23-29].

La figure 4.1 montre l'effet de la taille des particules sur le rendement en huile des graines de différents clones d'hévéa, qui est présenté dans [7].

D'après les données obtenues par les auteurs, il s'ensuit que le rendement en MKD diminue naturellement avec l'augmentation de la taille des particules auxquelles les graines de caoutchouc sont broyées. C'est le cas pour différents clones.

En particulier, les travaux [7] montrent que la réduction de la taille des particules de 3,36 mm à 1,16 mm augmente le rendement en huile de l'hévéa de 13 %.

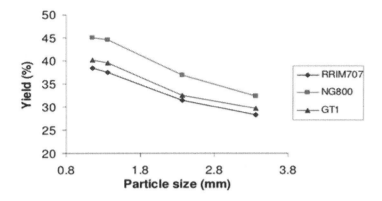

Figure 4.1. Effet de la taille des particules sur la sortie MKD de différents clones d'hévéas.

De cette façon, on extrait moins d'huile des plus grosses particules que des plus petites. Des résultats similaires ont été obtenus avec l'extraction de l'huile d'arachide [23].

Cela peut s'expliquer par le fait que les petites particules ont une plus grande surface, ce qui entraîne une plus grande concentration d'huile sur celles-ci, de sorte que la quantité de MKD disponible pour l'extraction est proportionnelle à la surface des grains de l'hévéa.

L'effet de la température sur le rendement en huile de l'hévéa est illustré à la figure 4. 2.

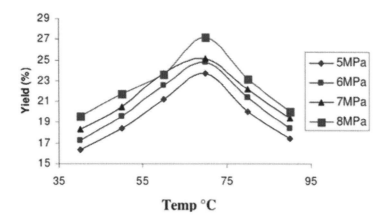

Figure 4.2. Influence de la température sur la sortie du MKD à différentes pressions.

L'article [7] montre que la quantité d'huile obtenue par extraction augmente d'abord avec l'augmentation de la température, puis diminue, c'est-à-dire que le rendement en MKD dépend de la température du processus de manière extrême. Le rendement optimal en huile a été obtenu à 70 °C. L'influence de la température sur la quantité d'huile végétale produite a également été notée pour les graines de coton [29].

La raison de l'effet observé est que l'augmentation de la température d'extraction contribue à la rupture des parois des cellules d'huile, créant un vide qui sert d'espace pour la migration du CDI. La température réduit également la viscosité de l'huile et coagule la protéine, ce qui facilite la libération de l'huile des cellules dans le vide intercoeur.

Cependant, à des températures d'extraction plus élevées, il se produit une perte importante d'humidité, ce qui entraîne le durcissement de l'échantillon et le déclenchement des processus de destruction de l'huile. On a constaté qu'à 90°C, la couleur du MKD devient brun foncé, et les enveloppes des grains qui en résultent sont carbonisées. Cela peut expliquer la diminution du rendement en huile avec une augmentation de la température d'extraction de 80 à 90°C.

L'influence de la pression sur le rendement en huile de l'arbre à caoutchouc est illustrée dans la figure 4.3. Selon les résultats obtenus par les auteurs [7], il y a une augmentation naturelle du rendement en huile lorsque la pression appliquée passe de 5 MPa à 8 MPa.

Cependant, cet effet dépend de la température du processus d'extraction. Ainsi, lorsqu'il dépasse les valeurs optimales, même si la pression appliquée augmente, la sortie du MCD diminue [7].

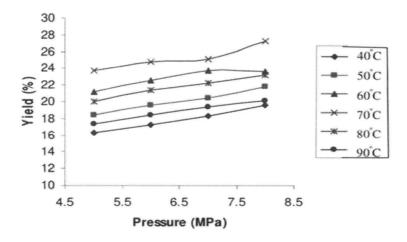

Figure 4.3. Effet de la pression sur la sortie du MKD.

Cela peut être dû à l'influence mutuelle de la température et de la pression : une augmentation de la température réduit la viscosité de l'huile, augmentant ainsi sa fluidité dans le milieu de la graine comprimée, tandis qu'une augmentation de la pression augmente la viscosité et réduit la fluidité du MKD.

Sur la base de ces résultats, les auteurs [7] concluent qu'un rendement en huile plus élevé est obtenu à des valeurs optimales de pression et de température : 8 MPa, et 70 ° C.

L'influence de l'humidité des graines de caoutchouc sur le rendement en huile à différentes températures, sous une pression constante de 8 MPa, est illustrée à la Fig. 4 4.

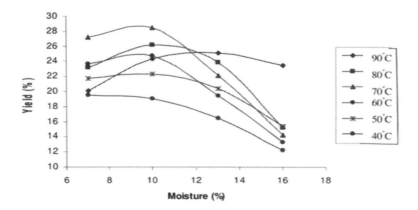

Figure 4 4. Modification du rendement en huile, en fonction de la teneur en humidité des grains de caoutchouc.

Il a été constaté que le rendement en huile augmente à une faible teneur en humidité de 7 à 10 % dans la plage de températures, toutes ces données ayant été étudiées par les auteurs [7].

Ainsi, le rendement optimal du MKD a été atteint à une teneur en humidité de 10% des grains de caoutchouc, et s'est caractérisé par un déclin rapide à une teneur en humidité plus élevée dans ceux-ci. A 90°C, le rendement optimal en huile a été observé avec une teneur en humidité d'environ 13% dans les grains.

Il témoigne que dans les limites des variations des conditions d'expérience réalisées dans les travaux [7], le rendement maximal de l'huile d'hévéa a été reçu à la teneur en humidité des grains - 10 %, à la température -70°C et à la pression - 8 MPa.

Certains chercheurs [23-29] ont étudié l'effet de la teneur en humidité sur le rendement en huile des graines de coton, des arachides et du colza, et ils ont indiqué la plage optimale d'humidité des graines entre 5 et 13 %. En d'autres termes, la plage optimale d'humidité des graines pour un rendement en huile maximal est à peu près la même pour les différentes graines oléagineuses [27].

L'humidité des graines oléagineuses pendant l'extraction sert de réfrigérant et aide à la coagulation des protéines, ce qui contribue au rendement en huile.

Lorsque la température augmente, une quantité importante d'humidité est perdue, ce qui entraîne le durcissement du tégument de la graine.

Des températures plus élevées augmentent également la résistance de la liaison huile-protéine dans les structures des graines, ce qui empêche l'huile d'être libérée du lit de graines. Cela peut expliquer le rendement en huile plus faible à des températures d'extraction plus élevées.

Ainsi, le rendement de MKD des graines d'hévéa est assez élevé (environ 25-28%), par rapport au rendement d'autres huiles végétales commerciales : de la graine de coton et du soja - environ 19%. Elle est légèrement inférieure à celle de l'huile d'arachide de palme -48-49% [23-31].

Compte tenu du fait que l'huile d'hévéa présente un grand intérêt en tant que matière première végétale renouvelable et prometteuse, il faut tenir compte du fait qu'elle nécessite une purification, qui consiste à éliminer les composants non glycéridiques. Le moyen le plus simple est de stocker l'huile pendant une longue période dans un endroit froid, lorsqu'une partie des impuretés gèlent et coulent au fond sous forme de sédiments, c'est-à-dire qu'il y a une stratification de MKD.

Une autre façon de traiter le MKD est de chauffer rapidement l'huile à 250-300°C, ce qui entraîne le dépôt de protéines et de phosphatides, et les substances insolubles peuvent être éliminées par filtration ou sédimentation [27].

Une méthode de nettoyage plus efficace consiste à traiter l'huile avec de l'eau chaude ou de la vapeur à des températures comprises entre 55 et $^{70°C}$. La plupart des phosphatides sont déposés sous forme de grosses charges et peuvent être éliminés par centrifugation ou filtration. L'eau résiduelle est éliminée lorsque l'huile est chauffée sous vide.

Le MKD peut également être purifié en mélangeant soigneusement l'huile brute avec un acide ou un alcali.

Une autre méthode pour éliminer les protéines solubles de l'huile végétale consiste à les traiter avec de l'eau et à effectuer une hydrolyse à l'aide d'enzymes protéiques. Cela a pour effet de convertir les protéines en une forme coagulée, qui peut également être facilement éliminée.

Les indices d'acide et d'iode, ainsi que le nombre de lavages, ont des valeurs plus faibles après la purification IDC en raison des lavages lors du traitement à l'huile alcaline pendant le traitement.

L'indice d'iode de l'huile d'hévéa dépend de nombreux facteurs, dont la méthode d'extraction des graines d'hévéa, la durée et le stockage de l'huile. Le traitement de l'huile améliore la viscosité et la couleur.

L'huile obtenue à partir des graines fraîches de l'hévéa est inférieure à l'huile de lin en ce qui concerne ses propriétés de séchage. Cependant, c'est un assez bon substitut pour cette huile dans les peintures [32,33].

MKD, purifiée en présence d'alcali, peut être utilisée comme huile de séchage alkyde. Ces dernières occupent une place importante dans l'industrie de la peinture, et la demande est estimée à environ 16 000 tonnes par an (dont 50% de résines), et environ 2 500 tonnes d'huile végétale sont nécessaires pour une réaction de polycondensation.

Par conséquent, les huiles de graines de caoutchouc peuvent être utilisées pour remplacer complètement ou partiellement les huiles comestibles traditionnelles actuellement utilisées dans cette industrie, telles que l'huile de soja ou de lin [32].

En effet, le MKD est similaire à l'huile de lin dans ses propriétés physiques et chimiques. Il faut tenir compte du fait que l'aptitude de diverses huiles siccatives à la production de résines alkydes peut être évaluée sur la base de la teneur en acide linoléique et linolénique.

Les données disponibles [32,34] indiquent que les huiles contenant des acides triéniques (c.-à-d. des esters de glycérine), comme les graines de lin, le tung, etc. sont des huiles jaunes. En même temps, comme le MCD, les huiles de tabac et de soja contenant des acides diéniques ne jaunissent pas. Bien que les deux classes soient des huiles siccatives, les huiles non jaunissantes présentent des avantages pour la production de résines alkydes.

Ainsi, des études sur l'utilisation pratique du MKD ont montré [35] qu'il a un grand potentiel pour remplacer l'huile de lin dans la production d'alkydes. Les résines alkydes peuvent être produites à partir de MKD en utilisant une certaine quantité de glycérine et d'anhydride phtalique.

Le MAC, qui convient au remplacement de l'huile de lin dans les peintures, doit contenir au moins 70 % du mélange d'acides linolénique et linoléique, dont l'acide linolénique doit constituer au moins 50 % de l'acide gras total.

Le MKD contient habituellement environ 36 % d'acide linoléique et 24 % d'acide linolénique. Un mélange d'une partie d'huile d'hévéa et de trois parties d'huile de lin contient 79% d'acides linolénique et linoléique, dont l'acide linolénique est d'environ 48%. Par conséquent, le MKD n'est que légèrement inférieur à l'huile de lin lorsqu'il est utilisé dans les peintures. Ainsi, l'utilisation du MKD dans l'industrie des peintures et vernis, comme diluant de l'huile de lin, c'est-à-dire en mélange avec elle, est prometteuse.

Les propriétés de séchage de l'huile d'hévéa peuvent être améliorées par un traitement à l'anhydride maléique [36]. Comme l'anhydride maléique possède deux positions de groupe carbonyle, liaison relativement double, il participe à la synthèse des diènes à liaisons conjuguées. L'anhydride maléique favorise également la formation de composés contenant des doubles liaisons isolées en position méthylène.

Le malaxage de l'huile insaturée est un processus assez simple. Le MCD raffiné est mélangé à 2-10% d'anhydride maléique et ce mélange est chauffé dans un récipient fermé pendant 2 heures à 230°C. La réaction peut être surveillée par extraction à l'eau chaude et par titrage pour estimer la quantité d'anhydride n'ayant pas réagi.

Une autre façon de déterminer le degré de consommation d'anhydride maléique est de changer la couleur lors de l'interaction avec la diméthylaniline. Lorsque l'anhydride maléique a complètement réagi, son mélange avec la diméthylanyline ne produit pas une couleur jaune rougeâtre. [37].

Les polyétheramides sont obtenus [38] à partir d'une huile d'hévéa à faible entretien. Le MCD est d'abord traité avec de l'anhydride maléique, puis une réaction avec la diéthanolamine se produit. Les résines qui en résultent sont utilisées pour produire des revêtements.

En général, si l'huile traitée est utilisée comme liant pour la fabrication de peintures, son acidité est neutralisée par une réaction avec un alcool tel que le glycérol [38].

Le MKD à la réception des matériaux de peinture et de vernis est soit dissous dans un solvant, soit dispersé sous forme d'émulsion dans la phase liquide. Les propriétés de séchage du MKD dans l'air lorsqu'il est utilisé dans les peintures et sa transformation en film insoluble sont dues au processus de polymérisation dans les chaînes d'acides gras insaturés de l'huile.

La durabilité, le séchage rapide, l'élasticité et la résistance à l'eau des résines alkydes les rendent idéales pour les revêtements sur de nombreuses surfaces. Les résines alkydes synthétisées avec MKD peuvent être utilisées pour la production d'émaux architecturaux de haute qualité pour des applications intérieures et extérieures, d'apprêts ; de peintures pour bateaux et pour la maison ; d'émaux industriels. Ils peuvent également être utilisés pour les fours, les revêtements automobiles, les émaux blancs haute température en combinaison avec les résines urée-formaldéhyde et les peintures en émulsion [36,37].

En même temps, les résines alkydes ne peuvent pas être utilisées avec succès lorsqu'il est nécessaire de résister aux revêtements aux alcalis ou autres milieux chimiques actifs. Ceci est dû au fait qu'ils sont des produits d'éthérification, et que les alcalis provoquent leur lavage, ce qui entraîne la destruction du film.

Les estimations de l'efficacité de l'utilisation des résines alkydes dans les peintures en émulsion montrent [36] qu'elles ont une excellente adhérence et une résistance à l'eau, qui est réduite pendant le stockage. Le temps de séchage de ces peintures est plus long que celui des peintures à émulsion synthétique [39].

Ainsi, les propriétés de séchage de l'huile d'hévéa peuvent être considérées comme intermédiaires entre les huiles de soja et de lin. Sur cette base, le potentiel d'utilisation du MKD dans les peintures, selon [38], peut être de 400 tonnes en Inde au lieu de l'huile de lin et de 375 tonnes pour la production de résines alkydes, ce qui signifie que seulement 775 tonnes d'huile de caoutchouc peuvent être utilisées annuellement dans l'industrie des peintures.

Le MKD est également utilisé comme ingrédient dans la production de savon [40]. De plus, son utilisation était de 97 %, contre 94 % pour l'huile d'arachide. Le savon obtenu avec l'utilisation de l'huile d'hévéa a des propriétés comparables à celles d'un savon standard. Par exemple, au Sri Lanka, 300 à 500 tonnes de MKD dans un mélange d'huile de noix de coco sont utilisées chaque année pour la production de savon.

D'après les aspects nutritionnels et toxicologiques, la CMA pourrait être considérée comme comestible. Cependant, le cyanure résiduel contenu dans l'huile végétale d'Euphorbiaceae est un facteur limitant pour son utilisation en nutrition [7].

Cette huile est donc prometteuse pour des applications techniques, notamment dans la production de savons, de résines alkydes et d'huiles lubrifiantes, ainsi que de vernis et de peintures. MKD peut remplacer partiellement l'huile de lin dans la production de linoléum naturel.

Il convient également à la production d'émulsions grasses pour l'industrie du cuir. Le rôle des émulsions d'huile et d'huile grasse dans la production du cuir est d'empêcher l'adhésion des fibres du cuir et de leur donner certaines caractéristiques telles que la douceur, le lissé et les propriétés de résistance souhaitées [41-43].

MKD est utilisé avec succès pour la préparation d'huile sulfatée, et ce produit peut être utilisé dans la production de cuir. Les auteurs de l'ouvrage [42] montrent que l'utilisation de l'huile d'hévéa sulfatée comme émulsion grasse dans le processus de graissage, et comme plastifiant dans le processus de finition des peaux de chèvre, donne des résultats satisfaisants.

En même temps, le MKD a été soumis à une sulfatation de la concentration en acide sulfurique à 25 °C. Le produit obtenu a été traité avec de l'eau salée. La couche supérieure a été neutralisée avec une solution de soude caustique. Il a été constaté que le MKD sulfaté fournit une émulsion transparente et stable avec l'eau, et que l'émulsion de graisse est pleinement utilisée pendant le processus d'engraissement. Les cuirs traités avec du MKD sulfaté deviennent plus souples que ceux traités avec de l'huile de coton sulfatée.

L'huile de graines de caoutchouc a fait ses preuves en tant que plastifiant en ce qui concerne la réduction de la température de transition vitreuse du polymère et l'augmentation de son élasticité [44-48].

Le MKD peut également être utilisé comme ingrédient de caoutchouc à usages multiples à base de caoutchouc butadiène naturel et synthétique. Cette huile donne d'excellentes propriétés mécaniques aux agents de vulcanisation de ces caoutchoucs en remplacement du plastifiant traditionnel.

Il améliore également la résistance au vieillissement, la résistance à l'abrasion et l'élasticité des caoutchoucs, et réduit le temps de durcissement dans un certain nombre de formulations. Ainsi, le MKD est un additif technologique très efficace dans la production de produits en caoutchouc [49].

L'IDC présente également un certain intérêt en tant que plastifiant pour la nitrocellulose.

L'huile d'arbre à caoutchouc est une matière première potentiellement précieuse pour la production de lubrifiants. [41]. Les lubrifiants de MKD sont obtenus par un procédé en trois étapes :

- Lavage de l'huile avec de l'hydroxyde de sodium.

- Double décomposition du savon de sodium avec du chlorure de calcium.

- Obtention d'une lubrification à partir de savon de calcium par l'ajout d'un excès d'huile blanchie.

La couleur de la graisse obtenue avec l'utilisation de différents types d'huile d'arbre à caoutchouc est similaire en ton, bien que la période de stockage de MKD ait un effet notable sur la texture de la composition lubrifiante résultante.

Les lubrifiants produits avec l'utilisation de MKD ont des qualités élevées telles qu'une couleur plus vive, un point d'éclair et une résistance au feu plus élevés, un taux d'oxydation plus faible et le nombre de lavages requis. Ils ont tendance à produire moins de carbone lors du frottement et sont très résistants à la chaleur. Cela améliore l'efficacité des machines qui utilisent des lubrifiants à base de MKD. [42].

Il est intéressant d'utiliser le MKD également comme carburant pour les moteurs diesel [50-55]. L'éther méthylique sur sa base est obtenu par transestérification avec un excès de méthanol de 6 moles en utilisant de l'hydroxyde de sodium comme catalyseur [54].

Les propriétés du carburant, à base d'éther méthylique MKD, en termes de point d'éclair, de teneur en soufre et en eau, répondent aux exigences de la documentation réglementaire. Cependant, ils ne satisfont pas les consommateurs en termes de viscosité, de teneur en cendres, de résidus de carbone, de turbidité et de point de durcissement.

Les inconvénients les plus critiques du carburant qui en résulte sont la viscosité et la température de distillation élevée. Il peut affecter les caractéristiques d'évaporation et de combustion [53-55].

En même temps, des essais de performance à court terme du moteur montrent que l'éther méthylique MKD est similaire au carburant diesel en termes de performance, de puissance, de rendement thermique et de consommation spécifique de carburant.

La production d'acide stéarique par IDC est également prometteuse. Au Sri Lanka en particulier, l'hydrogénation des acides gras du MKD donne environ 80% de la masse de tout l'acide stéarique produit dans ce pays.

Certaines données indiquent que le MKD peut être utilisé comme plastifiant de la nitrocellulose.

Il a été constaté [56] que l'IDC était également adapté à la production d'un fac-similé. C'est un produit de l'interaction entre l'huile végétale et le soufre naturel ou d'autres agents de vulcanisation de l'huile, qui est utilisé dans l'industrie du RTI comme plastifiant du caoutchouc [56]. Le fait de bonne qualité est obtenu à partir d'huiles dont l'indice d'iode est égal à 80 - 110 mg I2/100 g). La teneur en acides saturés doit être inférieure à 5%, sinon le fac-similé aura une texture molle et collante.

Il a été constaté que plus la teneur en acides gras insaturés dans l'huile végétale est élevée, plus le fac-similé sera bon, puisque la réaction de vulcanisation avec le chlorure de soufre ou le soufre est une réaction de révélation de doubles liaisons. On ignore précisément comment le soufre réagit avec les triglycérides des acides gras supérieurs dans la formation du fac-similé, mais cette réaction ne se fait pas sur le radical, mais sur le mécanisme ionique [56].

En même temps, on pense que la présence d'acides gras libres dans l'huile est un facteur qui empêche la formation du gel. Ainsi, lors du chauffage de MKD avec du soufre à une température d'environ 130-160 °C, malgré la réaction exothermique, la masse réactionnelle ne se transforme pas en gel en quelques heures ou même en trois à quatre jours.

L'utilisation de divers accélérateurs dans la production de fac-similés, qui raccourcissent le temps nécessaire pour former et durcir le gel tout en réduisant la température de réaction, n'a pas donné de résultat positif dans le cas du MKD. Seule une masse collante semi-solide s'est formée, et certains produits ressemblaient à du savon.

En même temps, avec l'oxydation préliminaire du MKD, en le faisant traverser par un jet d'air pendant 15 minutes à température ambiante et en chauffant ensuite l'huile à 140°C avec l'ajout de soufre et de Na2CO3, il est possible d'obtenir un produit solide. Il peut être utilisé avec succès comme fax pour les mélanges de caoutchouc.

Une partie du cycle de recherche dans le domaine de l'application de l'huile d'hévéa et de ses dérivés dans la formulation de matériaux composites polymères est l'article [48], qui est consacré à l'étude de l'effet de l'EMCD, huile d'hévéa époxydée (EMCD), ainsi que des sels de baryum, de cadmium et de plomb d'acides gras à base de CEM, sur le processus de déshydrochloration thermique du PVC dans une atmosphère à forte teneur en azote gazeux.

L'huile des graines de l'hévéa a été obtenue mécaniquement (par pressage), son époxydation a été réalisée à 290C à l'aide d'acide peroxyacétique.

Le MKD a été bouilli avec de l'acide chlorhydrique pendant 2 heures pour produire des sels d'acides gras. Ensuite, le mélange a été refroidi, la couche d'huile a été lavée plusieurs fois à l'eau chaude et séchée au sulfate de sodium. L'indice d'acidité du mélange d'acides gras était de 106.

L'acide gras MKD a été dissous dans de l'alcool éthylique chaud et traité avec une solution d'hydroxyde de sodium avec une fraction massique de 20 %. Une solution de chlorure de baryum avec une fraction massique de 30 % a été ajoutée progressivement à ce mélange sous agitation constante. Les sels d'acides gras précipités ont été lavés à l'eau chaude et ensuite séchés à l'air.

La teneur en métaux des sels a été estimée à : baryum (Ba) - 24 %, cadmium (Cd) - 9 % et plomb (Pb) - 46 %, respectivement.

Dans le PVC, 10 % de MKD et d'EMKD ont été ajoutés et 3 % de sels d'acides gras ont été ajoutés. La figure 4.5 montre la quantité de HCl émise à différents intervalles de temps lors de la destruction du PVC à différentes températures sans aucun additif. Le temps de destruction nécessaire pour atteindre une profondeur de conversion de 1% de tDH était de 86 minutes, 56 minutes et 35 minutes. respectivement à 1700C, 1800C et 1900C. La vitesse de destruction du RDH était de 2,5x10-3, 4x10-3 et 6,08x10-3 mmol HCl g-1 PVC min. $^{-1}$ respectivement [48].

Le taux de déshydrochloration du PVC en présence de MCD à 1800C et 1900C est indiqué sur la Fig. 4.6. Évidemment, malgré l'absence d'une période d'induction visible, le taux de libération de HCl était initialement assez faible, avec une augmentation graduelle subséquente et atteignant une valeur constante après environ 40 minutes de réaction.

Les auteurs [48] estiment que le temps pendant lequel le taux d'émission de chlorure d'hydrogène atteint une valeur constante fournit une estimation fiable de la période d'induction. Taux initial de déshydrochloration R_{DH}^o Le taux de HCl stable, le *RDH* et le temps de destruction nécessaire pour atteindre une profondeur de conversion de 1 % ont été déterminés à partir des graphiques ; les résultats sont présentés dans le tableau 4.5.

Fig.4.5.Déshydrochloration du PVC à (○)170,(x)180,et 190C (◊).

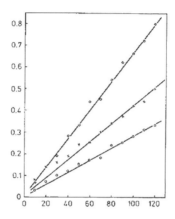

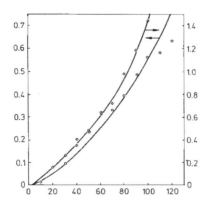

Fig.4.6. déshydrochloration du PVC en présence de MDC à (○) 180 et (◊) 190°C

On peut conclure qu'en présence de MKD, la libération de HCl a été ralentie jusqu'au degré optimal d'accumulation de chlorure d'hydrogène. La concentration optimale de HCl est observée à un stade précoce à des températures relativement élevées.

Tableau 4.5. Caractéristiques des procédés de destruction du PVC modifié par IDC.

Température, ^{0C}	$R_{DH}^{o} \times 10^3$,	$RDH \times 10^3$,	tDH, min.
180	2,33	5,67	54
190	6,02	12,50	28

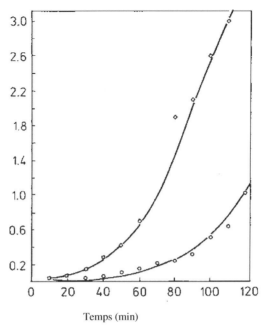

Fig.4.7. Déshydrochloration du PVC en présence d'EMCD (taux d'époxydation 4,8 mol%) à (○) 180°C et (◊) 190°C.

Tableau 4.6. Destruction du PVC en présence de 10 h d'huile époxydique d'arbre à caoutchouc

Température, ^{0C}	EMKD, (degré d'époxydation du % mol.)	$R^o_{DH} \times 10^{3\,a}$,	$RDH \times 10^{3a,}$	tDH^{ah}, min.
180	4,8	1,67	15,83	80
	10,6	1,43	5,11	90
190	4,8	6,11	28,57	33
	10,6	4,00	27,19	42

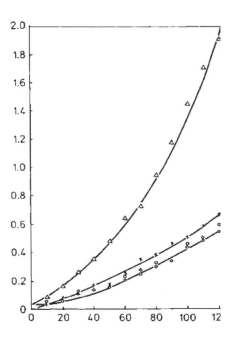

Fig.4.8 Déshydrochloration du PVC à 190°C en présence de MKD (x), de sels de baryum des acides gras les plus élevés du MKD (0) et de sels de plomb des acides gras les plus élevés du MKD (o), de sels de cadmium des acides gras les plus élevés du MKD (00).

D'après les résultats obtenus, les auteurs [48] concluent que la DMEC a un effet stabilisateur dans la destruction du PVC, dont l'ampleur dépend du degré d'époxydation de l'huile d'hévéa. Cet effet s'explique traditionnellement par la réaction des groupes époxy EMKD avec le HCl, qui se distingue dans les premiers stades de la décomposition. Cela réduit l'effet catalytique du HCl sur la déshydrochloration du PVC.

Tableau 4.7. Déshydrochloration du PVC en présence d'IDC et de ses dérivés à 1900C

Addendum	$RDH \times 10^{3a}$	tDH^{ah}, min.	tDH / t_{DH}^{0} ^{b}
MKD	6,02	28	0,80
EMCD avec degré d'époxydation 4,8 % mol.	6,11	33	0,94
10,6 % mol.	4,00	42	1,20
Baryum, cadmium et sels de plomb des acides gras supérieurs MKD			
	2,79	61	1,74
	2,30	64	1,83
	2,30	64	1,83
Baryum, cadmium et sels de plomb d'acides gras supérieurs EMKD			
	1,79	70	2,0
	1,67	74	2,11
	1,67	74	2,11

Note : t_{DH}^{0} le temps nécessaire pour atteindre une profondeur de conversion de 1% sans additif (35 min).

Les données du tableau 4.7 démontrent l'effet stabilisateur du MKD et de ses dérivés sur la déshydrochloration thermique du PVC. L'efficacité des additifs stabilisants est estimée [48] au moyen de valeurs relatives de *tDH, c'est-à-dire* par le rapport de la valeur de *tDH* en présence d'un additif à la valeur de ce paramètre pour un polymère non modifié, qui est exprimé par tDH / t_{DH}^{0}. Plus la valeur de ce rapport est élevée, plus l'effet stabilisateur du modificateur est important. Les résultats obtenus indiquent que les dérivés MKD ont un effet stabilisateur sur le processus de déshydrochloration du PVC, dont la valeur, en fonction du type d'additif, peut être présentée dans l'échelle suivante : sels métalliques d'acides gras supérieurs EMKD > EMKD > MKD. En même temps, les sels de cadmium et de plomb sont légèrement plus efficaces que les sels de baryum (tableau 4.7).

La modification de l'huile de caoutchouc est également intéressante pour les compositions de PVC pour la production de linoléum, car elle entraîne la réduction de leur viscosité, c'est-à-dire l'amélioration des caractéristiques technologiques. En même temps, l'IDC affecte non seulement la viscosité initiale des pâtes de PVC, mais aussi le taux de gonflement du polymère dans le plastifiant EDOS, c'est-à-dire la viabilité de la composition (Fig. 4.9).

Lorsque le temps d'exposition des pâtes PVC augmente à température ambiante, leur viscosité augmente naturellement, quelle que soit la composition (Fig. 4.9). Et ce processus est un peu plus lent dans le cas d'une modification du CDI.

Le taux inférieur de changement de la viscosité de la pâte de PVC lors de la modification de l'IDC est associé à ce que l'on appelle " l'effet de dilution ". En même temps, le ralentissement de la "maturation" de la pâte est insignifiant et n'a pratiquement aucun effet sur la durée du processus technologique de production du linoléum en PVC.

La résistance de la liaison entre les couches de linoléum diminue légèrement avec l'augmentation de la teneur en huile d'hévéa dans la composition, mais reste dans les limites de la norme GOST. (tableau 4.8).

La migration des additifs légèrement volatils de la pâte de PVC (tableau 4.8) augmente également avec l'augmentation de la concentration de MKD dans la composition. Ceci est évidemment dû au fait qu'une partie de l'IDC, lorsqu'il est introduit à des concentrations supérieures à l'optimum (3 h), ainsi que des composants du plastifiant EDS, migrent dans le processus de gélification de la pâte [57].

L'effaçabilité de la pâte n'augmente pas de manière significative, tout comme la modification des dimensions linéaires, c'est-à-dire que le retrait du linoléum augmente légèrement.

Le MKD donne à la pâte sa plasticité. Ceci est cohérent avec les données de la littérature [58] sur l'effet positif sur les propriétés de résistance à la déformation des compositions de PVC de petites additions d'acide oléique, qui est contenu en quantités significatives et dans la composition de l'IDC [59].

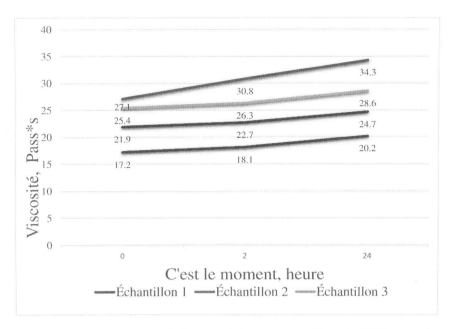

Fig.4.9 Dépendance de la viscosité des compositions de PVC par rapport au temps

Tableau 4.8. Influence de l'IDC sur la performance du PVC du linoléum

Numéro de l'échantillon	Composants	Contenu, heure de masse.	Force d'adhérence, kgf/cm		Variation des dimensions linéaires, en %.	Effaçabilité de la pâte, µm.	Migration d'adoucisseurs, %
			Express	Dans 8 heures.			
1	EDOS	92	1,2	1,0	0,11	84	2,93
	PVC	100					
	Craie	196					
2	EDOS	92	1,2	1,0	0,11	84	2,94
	MKD	3					
	PVC	100					
	Craie	196					
3	EDOS	92	1,1	0,9	0,13	84	3,13
	MKD	5					
	PVC	100					
	Craie	196					
4	EDOS	92	1,0	0,8	0,15	87	3,37
	MKD	10					
	PVC	100					
	Craie	196					

Ainsi, sur la base des caractéristiques opérationnelles et technologiques de la composition du PVC pour la production de linoléum, il est rationnel d'introduire 3 wt h d'huile de caoutchouc dans sa formulation. Cela permet d'améliorer les performances environnementales et technologiques du linoléum, tout en maintenant les performances au niveau des revêtements de sol non modifiés.

Les auteurs [49] ont étudié l'utilisation des MKD et EMKD pour la modification du caoutchouc naturel. Ils ont époxydé le MKD avec du peroxyde généré in situ à une température de 60-700C dans la solution d'huile dans le benzène, dans un ballon à fond rond à trois cols équipé d'un agitateur motorisé, d'un réfrigérateur de retour et d'un thermomètre. Le mélange d 'acide acétique glacé et d'acide sulfurique concentré a été chauffé jusqu'à 60 C, et y a été ajouté en gouttes pendant 2 heures, avec un mélange constant, 30 % de peroxyde d'hydrogène. La réaction à la réception de l'EMKD s'est poursuivie pendant 8 heures. À la fin du processus, le contenu du flacon a été versé dans une ampoule à décanter où la phase aqueuse a été séparée de la phase huileuse.

La phase huileuse a été lavée plusieurs fois à l'eau chaude jusqu'à ce qu'il n'y ait plus d'acide. Le benzène a été éliminé à basse pression à l'aide d'un évaporateur rotatif. Le produit obtenu a été séché avec du sulfate de magnésium. Les principales caractéristiques physiques et chimiques de l'EMKD obtenues par les auteurs [49] par rapport à l'huile initiale sont données dans le tableau 4.9.

Tableau 4.9 Caractéristiques des MKD et EMKD

Propriétés	MKD	EMKD
Couleur	Foncé	Marron clair .
Poids spécifique à 30 C	0,91	0,919
Indice d'acidité (mg KON/an)	53,09	53,2
Nombre de lavages (mg KON/an)	206,2	216,34
Indice d'iode (mg I2/100 g)	135,36	81,58
Viscosité (puaz)	0,42	0,54
Epoxy Teneur en oxygène (%)	-	2,1

Des recherches [49] ont montré que l'indice de rendement du caoutchouc naturel fondu (NR) diminue naturellement lors de la modification du MKD et de son dérivé époxydé. De plus, cet effet se manifeste à différentes vitesses de mélange des composants. Dans ce cas, la puissance consommée diminue aussi naturellement. Les effets observés sont presque les mêmes lorsqu'on modifie la MKD et la EMKD (tableau 4.10).

Tableau 4.10. Indicateurs de traitabilité des mélanges

Paramètre	NC	Vitesse de rotation du rotor (tr/min)		
		0	5	0
Indice de rendement à l'état fondu, (mg/rpm)		7,6	0,6	2,1
	NK + 10% MKD	4,2	7,2	8,7
	NK + 10% EMKD	4,2	7,2	7,9
Consommation de puissance d'agitation, (W)	NC	4	4	2
	NK+10% MKD	1	7	9
	NK+10% EMKD	1	7	6

Des valeurs comparativement plus faibles de l'indice de fluidité à chaud et de la consommation d'énergie pour le mélange des composants montrent, selon les auteurs [49], que l'huile de caoutchouc et l'EMKD ont un effet plastifiant sur le caoutchouc naturel.

L'effet plastifiant peut être dû à la présence d'acides gras insaturés et saturés à longue chaîne dans la MAC, ce qui peut augmenter la mobilité segmentaire des NK.

Les auteurs ont constaté [49] et une réduction significative de la vitesse de vulcanisation des mélanges de caoutchouc contenant 10 h en poids de MKD et d'EMKD. En même temps, le degré de durcissement des vulcanisations qui en découlent diminue également. Ceci est en corrélation avec la plus faible concentration de liaisons chimiques dans le treillis de vulcanisation.

Une diminution de la vitesse de durcissement et de la densité des réticulations chimiques a également été signalée [20] pour le NK modifié avec un prépolymère liquide phosphorylé de 10 % en poids provenant de coquilles de noix de cajou. Dans ce cas, le segment insaturé aliphatique à longue chaîne de l'avant-polymère peut participer à la réaction de durcissement avec le caoutchouc naturel, ce qui empêche la réticulation entre les chaînes NK dans les zones insaturées adjacentes.

On suppose qu'un tel mécanisme peut fonctionner dans les compositions de caoutchouc naturel modifiées par MKD et EMKD parce qu'elles contiennent également des fragments d'hydrocarbures insaturés.

Les résultats d'essais des propriétés physiques et mécaniques des vulcanisateurs NK montrent [49] une diminution de leur dureté et de leur module d'élasticité à un étirement de 300 % à la modification 10 mas. h, à la fois MKD et EMKD, proportionnelle à la diminution de la densité de leur réticulation chimique.

Malgré la densité plus faible du treillis de vulcanisation, les treillis vulcanisés contenant des modificateurs ont une résistance à la traction et un allongement à la rupture relativement plus élevés (tableau 4.11). C'est probablement parce que le MKD et l'EMKD peuvent former un maillage en caoutchouc naturel.

Il est supposé [49] que l'effet de plastification des MKD et EMKD, ainsi que la résistance à la traction et l'allongement relatif plus élevés des vulcanisats NK, peuvent conduire à des déviations dans la propagation de la trajectoire principale de la rupture, ce qui entraîne l'amélioration observée des caractéristiques de résistance à la déformation [60].

Il existe des données [61] sur l'expansion du diamètre de la pointe de la fissure pour les agents de vulcanisation ayant une densité de réticulation et une valeur de module plus faibles, ce qui entraîne une résistance à la traction plus élevée.

Tableau 4.11 Propriétés physico-mécaniques des vulcanisats modifiés

Modificateur	-	MKD	EMKD
Dureté (Shore A)	28	24,5	27
Densité d'agrafage [104] (mole/g)	3,481	1,364	1,371
Module d'élasticité en traction - 300% (MPa)	1,9	1,8	1,8
Résistance à la traction (MPa)	9,4	13,9	14,5
Allongement relatif à la rupture (%)	990	1160	1150
Résistance à la traction (kN/m)	30,98	31,18	34,12
Résistance à la chaleur, (température 50% de perte de masse) C	384	382	381
Énergie d'activation de la thermodestruction, (Kcal/mol)	42,5	45,8	45,8

Les thermogrammes obtenus à partir de la décomposition de vulcanisats dans l'air à une vitesse de chauffage de 20C/min montrent la proximité des valeurs de stabilité thermique et d'énergie d'activation de la décomposition thermique pour des vulcanisats modifiés et non modifiés. Par conséquent, la modification du MKD et de l'EMKD n'affecte pratiquement pas la stabilité thermique des caoutchoucs à base de caoutchouc naturel.

Ainsi, l'huile de caoutchouc et son dérivé époxy peuvent agir comme additifs multifonctionnels dans la production de caoutchouc à base de caoutchouc naturel [62]. Ils jouent le rôle de plastifiants, et améliorent les propriétés mécaniques des vulcanisations, telles que la résistance et l'allongement relatif à la rupture.

La diminution de la vitesse de durcissement des mélanges de caoutchouc modifiés et de la densité des réticulations chimiques de leurs vulcanisateurs indique la participation de ces additifs dans la réaction de vulcanisation NK. En même temps, on constate une légère amélioration des caractéristiques de performance lors de la modification du caoutchouc naturel EMKD par rapport au MKD en raison de la présence du groupe époxy.

Sur la base de l'analyse de ces résultats, les auteurs [49] ont suggéré que l'EMCD avec une teneur plus élevée en groupes époxy serait plus prometteur comme additif multifonctionnel pour le caoutchouc naturel.

Les données littéraires sur l'utilisation des huiles végétales et de leurs dérivés fonctionnalisés dans les matériaux époxy sont extrêmement limitées. Il existe des rapports distincts [63] sur l'utilisation de la GEM pour la synthèse de nouveaux types de résines époxy " vertes " et comme modificateur des polymères époxydiens traditionnels.

En même temps, le travail [64] décrit l'utilisation de l'EMCD pour produire des polymères époxy par interaction avec la triéthylène tétraamine (TETA).

Le diagramme suivant illustre les transformations chimiques qui se produisent dans ce processus :

où MAC est représenté par l'acide oléique et R est un triglycéride d'acides gras saturés et insaturés.

EMCD CROSS-LINKING USING TETA WAS PERFORMED AT THE MOLAR RATIO OF EPOXY AND PRIMARY AMINE GROUPS OF 1:1, TEMPERATURE -1000C, FOR 30 MINUTES, AT THE MIXING SPEED OF 100 ОБ¼ИН. avec coulée ultérieure à 180C et 200 bar de pression. ...pendant 21 heures.

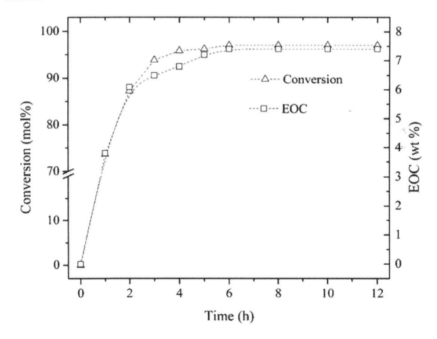

Fig. 4.10. Degré de transformation C=C des liaisons MKD et changement de la teneur en oxygène de l'époxy (OEC) en fonction du temps de réaction d'époxydation.

Selon ces auteurs [64], la MAC initiale avait 4,7 % en masse de liaisons C=C par molécule de triglycéride. EPOXIDATION TPROVODILASYA PRI MOLARNOE RATIO 1:4 :25 C = C BONDS, FORMIC ACID AND HYDROGEN PEROXIDE AT 60C AND THE MIXING RATE 400 ОБ¼ИН. SYNTHESIZED EMKD WAS CHARACTERIZED BY THE EEC VALUE OF 18.1 WT % AND ACID NUMBER 9 МГКОН³.

Les huiles végétales époxy contiennent non seulement des groupes époxy capables de réagir, mais aussi des groupes essentiels qui peuvent interagir avec les amines pour former des amides. Par conséquent, comme le montre le schéma ci-dessus, la formation du maillage se fait simultanément par des réactions d'aminolyse des groupes époxy et d'amidification des liaisons éthériques. Cette dernière réaction conduit à la formation de défauts dans le maillage spatial, affecte le degré de réticulation, et donc les propriétés opérationnelles des polymères résultants.

Le MCD a été mélangé avec le TETA à un rapport molaire de 1:1 de liaisons C=C et de groupes amino primaires.

Dans la Fig. 4. 11 Le spectre RMN 1H typique du mélange MKD-TETA est présenté.

Dans le spectre du mélange EMKD-TETA apparaît un signal à 3,19-3,80 ppm, qui indique la formation de groupes amide - C(=O)-NH2-CH. En TETA, le signal NH2-CH des groupes apparaît à 2,89 ppm. L'intensité du signal entre 4,09 et 4,28 ppm appartenant aux groupes de triglycérides - CH2 diminue avec le temps.

Le signal du proton hydrogène adjacent au carbone du groupe carboxylique est déplacé de 2,3 ppm à 2,10 ppm. Cela indique un processus d'amidonnement qui se produit même à température ambiante.

Dans les conditions les plus sévères de l'expérience (2h à 150C) décrites dans [62], la conversion des groupes éthériques en amides est de presque 100%. Ceci résulte de la disparition des signaux à 172,9 ppm et 173,4 ppm. Le nouveau signal apparaît à 173,7 ppm, ce qui est la preuve de la formation d'amide (Fig. 4.12).

Ainsi, l'amidification doit être prise en compte lors de l'examen des processus de formation de mailles basés sur l'EMCD, car cette réaction affectera la vitesse d'aminolyse. Le rapport des vitesses de ces deux réactions concurrentes déterminera les caractéristiques de la structure de la maille du polymère en formation.

Le spectre IR typique représenté sur la Fig. 4.13 indique que pendant le durcissement de l'EMCD TETA, des réactions d'amidation et d'aminolyse se produisent simultanément. La bande d'absorption à 1735 cm-1 relative à C=O diminue en intensité lorsque des bandes à 1635 et 1560 cm-1 relatives à deux groupes amide apparaissent dans le spectre IR du polymère réticulé (Fig. 4.13). De plus, un pic aigu à 3 350 cm-1 disparaît à la TETA. Cela indique la formation d'un amide secondaire.

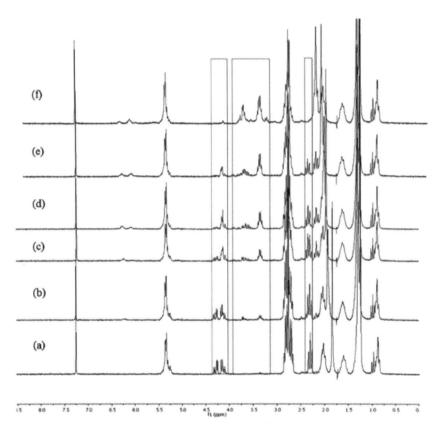

Figure 4.11 Spectre RMN du mélange MCD-TETA (a) 20C, 0 h, (b) 20C, 2 h, (c) 20C, 5 h, (d) 20C 15 h, (e) 100C, 0,5 h et (f) 150C, 2 h.

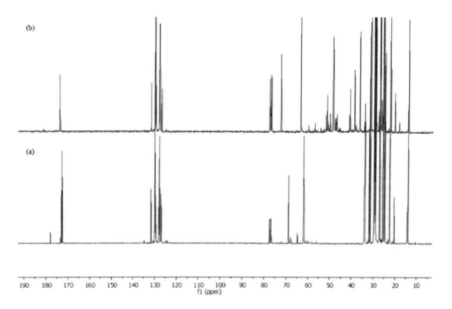

Figure 4.12   Spectre RMN typique du 13C (a) MDC et (b) son mélange avec le TETA obtenu à 150C en 2 heures.

La température de transition vitreuse (Tg) du polymère est de 6,2°C. La Tg maximale est atteinte à un rapport molaire des groupes époxy et amine primaire de 1:1, température -200°C, pression 200 bars. ...pendant 24 heures.

Lorsque la température de transition vitreuse du polymère à base d'EMCD augmente, sa résistance à la traction augmente, ce qui atteint une valeur maximale de 1,77MPa. Ceci est dû à une augmentation de la densité de la grille spatiale du polymère, et donc de ses propriétés de module et de résistance.

Avec l'augmentation du temps de durcissement de 24 à 48 heures à 150C, on observe une diminution de la Tg du polymère, due au processus de destruction thermique.

Avec un rapport molaire des groupes époxy et amine primaire supérieur à 1:1, les amines réagissent avec les groupes éther pour former des amides et du glycérol. Ce dernier a un effet plastifiant, qui réduit la température de transition vitreuse des matériaux époxy.

Comme le montrent les données du travail [64], des valeurs élevées de Tg et des propriétés de résistance du polymère époxy sont obtenues au rapport molaire des groupes époxy et amine primaire EMCD et TETA 1:1, température -180C, pression 200 bar. et de mener le processus de formation du maillage dans les 21 heures. Ainsi la température du début de la destruction thermique du matériau 3610C, et son allongement relatif à l'étirement -182%.

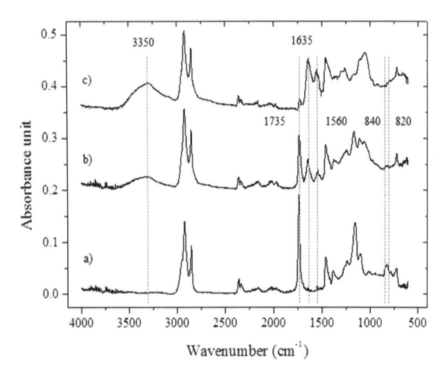

Fig.4. 13 Spectre IR (a) EMKD, (b) EMKD-TETA après mélange, (c) polymère réticulé obtenu à un rapport molaire des groupes époxy et amine primaire de 1:1, température -150C, pression 150 bar. ...pendant 15 heures.

Les propriétés obtenues dans les mêmes conditions d'un polymère à base d'EMCD sont supérieures à celles obtenues sur l'ESM. (A ce dernier : Tg = 6,98C, résistance à la traction - 1,11 MPa et allongement relatif - 145,7%). Cela est dû à la teneur plus élevée en acides gras insaturés dans le MKD par rapport à l'huile de soja.

D'après les résultats obtenus par les auteurs [64], les matériaux de durcissement TETA à base d'EMCD peuvent être utilisés, à en juger par leurs propriétés de température de transition vitreuse et de résistance à la déformation, comme adhésifs et masses d'étanchéité.

Il est intéressant d'étudier la possibilité d'utiliser les MKD et EMKD comme modificateurs des polymères époxydiens traditionnels en comparaison avec les CM et ESM communs.

L'analyse de la composition en acides gras de ces huiles végétales (tableau 4.12) indique que les triglycérides MKD et les huiles de soja sont formés à partir d'acides gras de même structure chimique [65]. Toutefois, la valeur de leur indice d'acidité diffère de plus d'un ordre de grandeur. Ceci est dû au processus d'hydrolyse des triglycérides MKD et à la libération d'acides gras libres [66].

Le MDC contient des enzymes qui catalysent ce processus.

où **RCOOH** et **RCOO sont des** acides gras et des résidus d'acides gras, respectivement.

Tableau 4.12. Propriétés physiques et chimiques de l'huile d'hévéa en comparaison avec d'autres huiles végétales courantes.

Paramètres	MKD	Huile de soja	Huile de tournesol
UNIT WEIGHT, Г М3.	0,910-0,943	0,919-0,925	0,918-0,923
L'indice d'iode, mg I2/g	120 – 145	124-139	110-144
Acide gras libre, %.	4-43%	-	-
Nombre de lavages de mGCon / g	186 – 226	189-195	188-194
Couleur	Brun foncé	jaune -	Jaune clair...

Note. Les propriétés physiques et chimiques des MKD sont présentées sur la base de leur détermination par différentes méthodes dans les travaux de différents chercheurs [3,7,67].

La gravité spécifique de la MKD est comparable à celle d'autres huiles végétales comme le soja et le tournesol. En même temps, son indice d'iode indique des niveaux plus élevés d'acides gras insaturés. L'IAC est également caractérisé par des valeurs plus élevées de saponification et d'indice de peroxyde [5].

La valeur de ce dernier dépend de facteurs tels que la méthode d'extraction de l'huile et le type d'acides gras dans sa composition. La valeur élevée observée de cet indicateur pour le MKD peut être liée au chauffage pendant l'extraction ou le pressage, car la chaleur contribue à l'oxydation des acides gras, en particulier des acides gras insaturés [9].

Ainsi, IDC, étant donné son indice d'iode et de saponification élevé, est une huile technique (industrielle) importante qui peut être utilisée dans la formulation de matériaux composites polymères.

Les triglycérides d'acides gras supérieurs insaturés contenant deux et trois doubles liaisons sont facilement oxydés et forment des résines [7]. Pour cette raison, le MKD est instable en stockage, car il contient de grandes quantités de GPL, dont la concentration peut augmenter avec le temps.

Ainsi, parmi les huiles végétales industrielles, MKD a l'un des plus hauts degrés de non-saturation [64]. Il convient d'en tenir compte lors de l'examen de la faisabilité de son application pratique.

Les auteurs [68] ont utilisé de l'huile extraite des graines de la culture de *Hevea brasiliensis* dans le sud du Vietnam.

Cette CMA n'était pas de composition uniforme et était caractérisée par la présence de sédiments en suspension (figure 4.*14a*) qui se déposent avec le temps. Par centrifugation, la phase liquide de l'huile a été séparée efficacement du résidu solide (Figure 4.14 b).

En outre, la suspension est complètement dissoute lors du traitement thermique de l'huile (à des températures supérieures à 50 °C) (Fig. 4.14. *c*). Cependant, avec le temps, en particulier dans le cas du stockage de MKD à des températures inférieures à 18°C, sa séparation se produit à nouveau.

Le traitement thermique de l'huile (30 minutes à 120 °C) permet d'obtenir un produit homogène (Fig. 4.14 *c*), qui est caractérisé par un indice d'acide de 57,2 mg KOH/g. Indices d'acidité des phases supérieure et inférieure après centrifugation : 58,7 et 56,1 mg KOH/g, respectivement.

La phase précipitée représente environ 5,5 % de la masse totale et est un mélange d'acides gras saturés (stéarique et palmitique) formés lors de l'hydrolyse des glycérides dans l'huile. Ceci est également indiqué par l'indice d'acidité de la boue, qui est légèrement supérieur à celui de la phase liquide. (Tableau 4.13)

Figure 4.14 - Photographies IDC avant (a), après centrifugation (b) et après traitement thermique (c)

La partie liquide du MKD obtenue après centrifugation et filtration a été utilisée comme modificateur dans [68]. Ses propriétés sont indiquées dans le tableau 4.13.

Tableau 4.13 - Caractéristiques de la partie liquide de l'huile d'hévéa utilisée comme modificateur des matériaux époxy.

№	Indicateur	Signification
1	Région	Vietnam, Vung Tau
2	Apparence	Liquide huileux de faible viscosité, de couleur sombre et d'odeur caractéristique
3	Couleur sur l'échelle de l'iode, мгJ200 cm3.	> 250
4	L'indice d'iode, mg I2/100g	131,4
5	L'indice d'acide, mg KOH/g	56,1
6	Viscosité dynamique, mPa s à 25°C à 20°C	 52,1 65,9

En se basant sur l'analyse des données de la littérature [28] sur la composition en acides gras du MKD, et sur les valeurs de son indice d'acidité, les auteurs du travail [68] ont suggéré que la fraction massique du LPL dans l'huile étudiée est d'environ 28,2%.

L'application du MKD pour modifier les résines époxy a montré que son introduction dans la quantité de 10 w.h. par 100 w.h. ED-20 conduit (Tableau 4.14) à une augmentation notable de la résistance à l'usure des matériaux. Cet effet est observé lors du durcissement des durcisseurs d'amines aliphatiques et aromatiques, mais il est légèrement plus élevé dans le cas de l'hexaméthylènediamine (GMDA), par rapport à l'aminophénol AF-2.

La dureté du matériau époxy à la modification MKD diminue (au durcissement AF-2), ou augmente légèrement à l'utilisation comme agent de réticulation GMDA qui, évidemment, est lié à l'introduction de ce dernier dans un plastifiant en solution EDOS.

Tableau 4.14 - Dureté et résistance à l'usure des revêtements époxy.

Composition de l'échantillon	Dureté, NVa.	Usure, 10^{-6} m
ED-20 + MCD + UMDA	11,4	24
ED-20 + AF-2+ MCD	25,8	18
ED-20 + AF-2	30,7	19
ED-20 + GMDA	9,8	27

Les propriétés antifriction des revêtements époxy, suite à la modification du MKD, s'améliorent sensiblement pendant le durcissement de l'AF-2 et du GMDA (Fig.4.15 et 4.16). Le coefficient de frottement est réduit d'environ 10-12%.

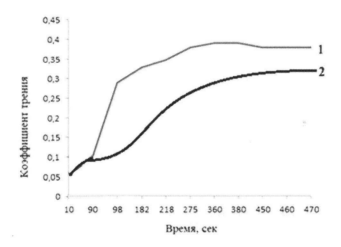

Fig. 4.15 - Dépendance du coefficient de frottement statique par rapport au temps de formation du contact avec le polymère époxy GMDA durci : 1 - non modifié, 2 - contenant 10 mas.h. MKD à 100mas.h ED-20

Les effets observés peuvent être causés par la teneur d'un grand nombre d'acides gras libres dans la composition de l'IDC, ce qui peut affecter la cinétique de durcissement des résines époxy et les caractéristiques de la grille spatiale formée [63].

Par conséquent, pour comparer et expliquer les résultats obtenus par les auteurs [68], un mélange d'huile de soja et d'acide oléique dans le rapport 7:3 contenant approximativement la même quantité de LPL que de MCD a été étudié comme modificateur de la composition de l'époxyde.

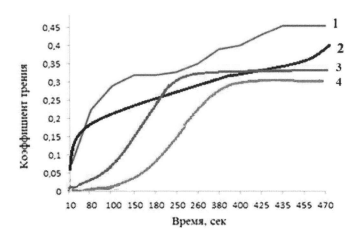

Fig. 4.16 - Dépendance du coefficient de frottement statique du temps de formation du contact avec le polymère époxy AF-2 durci : 1 - non modifié, 2 - avec 10 mas.h. MKD, 3 - avec 10 pt/h d'huile de soja, 4 - avec 10 pt/h de mélange d'huile de soja et d'acide oléique.

Tableau 4.15 - Dureté, résistance à l'usure et coefficient de frottement des compositions époxydiques modifiées.

Type de modificateur	Dureté, NVa.	Usure, 10^{-6} m	Coeff. friction
Huile de soja	35	17	0,33
L'huile de soja est de l'acide oléique à un rapport de 7:3.	40	12	0,3

Note : Le contenu des modificateurs est de 10 mas.h. par 100 mas.h. ED-20

Les résultats obtenus (Tab.4.15 et Fig.4.15 et 4.16) ont montré [68], que le MKD a un effet logique, mais plus faible sur la résistance à l'usure et le coefficient de frottement des revêtements époxy que l'huile de soja. En même temps, en utilisant l'huile d'hévéa comme modificateur, contrairement au CM, il y a une certaine diminution de leur dureté.

Avec la modification de l'ED-20 avec un mélange d'huile de soja et d'acide oléique, la dureté et la résistance à l'usure des revêtements époxy est encore augmentée. Leur coefficient de frottement est réduit de 1,5 fois leur usure de 40 %, la dureté est augmentée d'environ 30 % par rapport au polymère non modifié.

Tableau 4.16 - Absorption d'eau et teneur en fraction de gel des compositions époxy modifiées.

Type de modificateur	Teneur en fraction de gel, en %.	Absorption d'eau, en %.
Huile de soja	93,5	0,87
Acide oléique	-	1,35
Huile de soja + acide oléique	96,2	0,83
MKD	89,1	0,98
Sans modificateur.	96.1	0,76

Note : Le contenu des modificateurs est de 10 w.h. par 100 w.h. ED-20.

L'analyse de l'influence des compositions époxy sur leur résistance à l'eau (Tableau 4.16) montre [68] que le MKD, comme le CM, augmente le gonflement des films époxy dans l'eau. Cependant, la résistance à l'eau des revêtements époxydiques modifiés à l'huile végétale reste assez élevée.

En même temps, la croissance du gonflement de la composition époxy dans l'eau lors de la modification du MKD est plus importante que lors de l'utilisation d'huile de soja.

La modification des matériaux composites époxy avec un mélange d'huile de soja et d'acide oléique ne modifie pas de manière significative leur résistance à l'eau, qui est plus élevée que lors de l'utilisation de MKD.

En même temps, l'acide oléique augmente de manière significative l'absorption d'eau des revêtements, par rapport au polymère époxy non modifié et au CM et MCD modifiés.

Ces huiles végétales réduisent la teneur en fraction de gel, c'est-à-dire qu'elles réduisent l'épaisseur de la réticulation des matériaux époxy. Cela se manifeste dans une plus large mesure dans la modification de l'huile de l'hévéa (tableau 4.16).

L'huile de soja et le MKD influent également sur la vitesse de durcissement des oligomères époxy AF-2, ce qui se manifeste par la croissance de la viabilité des compositions (tableau 4.17).

Tableau 4.17 - Vitalité des compositions époxy modifiées.

Type de modificateur	Vitalité, mines
Huile de soja	80
Acide oléique	130
Huile de soja + acide oléique	95
MKD	95
Sans modificateur.	60

Note : Le contenu des modificateurs est de 10 w.h. par 100 w.h. ED-20.

C'est évidemment dû à l'effet de dilution. Avec l'utilisation du MDC, la viabilité des compositions époxy augmente dans une plus large mesure.

L'introduction d'acide oléique dans leur composition améliore les indicateurs de performance étudiés (tableau 4.15) et augmente le degré de réticulation des matériaux modifiés (tableau 4.16).

Ceci peut indiquer indirectement la participation de l'acide oléique dans la formation de la structure maillée des compositions époxy, puisque les acides gras insaturés contiennent des doubles liaisons capables de réagir [28].

Ainsi, les travaux [69] montrent que l'acide ricinoléique (RK), qui est un produit de l'hydrolyse de l'huile de ricin, provoque une augmentation de la vitesse de durcissement des résines époxy. En même temps, il y a une augmentation de la distance inter-nodale de la maille et une augmentation de l'élasticité de la structure de la composition. Cela améliore la résistance à la déformation et les propriétés d'adhérence des matériaux époxy RK modifiés.

Ainsi, il existe une corrélation entre la teneur en fractions de gel, la viabilité et la résistance à l'eau des compositions époxy modifiées.

Il existe des données sur l'efficacité de l'utilisation de compositions époxy d'huiles végétales époxy dans la formulation [63].

Cela s'applique en particulier à l'huile de palme époxy (EPM) [70]. A cet égard, les études sur l'utilisation de l'époxy MKD comme modificateur des polymères époxy sont pertinentes, car en raison de la présence de doubles liaisons, cette huile végétale est relativement facile à utiliser [29].

Les auteurs [71] ont réalisé l'époxydation du MKD avec du peroxyde d'hydrogène dans des conditions de catalyse en interphase en présence de catalyseurs contenant du tungstène selon la méthode décrite dans [72].

Les caractéristiques de l'huile d'hévéa époxydée synthétisée dans [71], par rapport à l'huile de soja époxydée (TU 0253-061-07510508-2012), sont indiquées dans le tableau 4.18.

Tableau 4.18. Propriétés physico-chimiques de l'EMSD et de l'ESM

№	Indicateur	Signification	
		EMKD	ESM
1	Apparence	Liquide huileux de faible viscosité, de couleur sombre et d'odeur caractéristique	Liquide translucide, visqueux, jaune clair
2	Teneur en oxygène de l'époxy, % en poids	5,2	7,0
3	Couleur sur l'échelle d'iode, mg I2/100 cm3	~ 40	10
4	Indice d'iode, mg I2/100 g	16,9	5,0
5	Indice d'acidité, mgCon/g	42,8	0,5
6	Viscosité dynamique à 20°C, Pa·c	0,76	0,65

La teneur plus faible en oxygène époxy (ECO) de l'EMKD, par rapport aux données fournies dans l'article [72], est probablement due à l'utilisation de peroxyde d'hydrogène à plus faible concentration ainsi qu'à certaines différences dans la composition en acides gras des huiles végétales utilisées.

Il est à noter que les propriétés de l'EMKD obtenues par les auteurs des travaux [49 et 71] sont très différentes. Ceci est probablement dû aux différentes caractéristiques du processus d'époxydation du MKD, ainsi qu'aux premiers indicateurs de cette huile.

Ainsi, le nombre de doubles liaisons dans le MKD utilisé dans [72] était d'environ 87 %, et le degré d'époxydation était d'environ 68 %. Ainsi, près de 20 % de toutes les doubles liaisons de l'huile de caoutchouc ont été initialement proépoxydées, et après que les groupes époxy aient été hydrolysés (ce qui a très probablement entraîné la formation de dioles vicinaux) :

$$\text{C=C} \longrightarrow \text{C}\underset{O}{-}\text{C} \longrightarrow \text{C(OH)-C(OH)}$$

Il a été établi [68] que pendant l'époxydation, l'indice d'acidité (AC) de l'huile diminue (de 56,1 à 42,8 mg KOH/g). Ceci est évidemment dû à une diminution de la concentration des groupes carboxyliques, due à une augmentation du poids moléculaire du produit au cours de la double liaison de l'oxygène dans la formation d'un groupe époxy.

De plus, théoriquement, avec la conversion de la double liaison obtenue au niveau de 87 %, on pourrait s'attendre à ce que l'indice d'acidité diminue de 9 %, c'est-à-dire jusqu'au niveau IF = 51 mg KOH/g. La valeur inférieure de l'indice d'acidité - 42,8 mgCon/g (tableau 4.18) indique la participation des acides gras libres aux réactions chimiques. Le schéma de réaction suivant est le plus probable :

Le déroulement de ces réactions est décrit dans [72], consacré à l'époxydation des acides gras à l'aide d'un système catalytique similaire.

Des recherches ont montré que la modification des polymères époxy, tant EMKD qu'ESM, augmente essentiellement leur dureté, à l'application de durcisseurs aminés de structure chimique diverse (Tableau 4.19). Ceci peut être causé par la présence de groupes époxy fonctionnels dans les modificateurs capables de former des liaisons physiques et chimiques avec les composants de la composition époxy. [73,74].

L'effet de durcissement, résultant de la modification par des dérivés époxy d'huiles végétales, est légèrement plus élevé lorsqu'il est utilisé pour durcir les époxyoligomères de l'hexaméthylènediamine que l'agent de réticulation aminophénolique. Cependant, la dureté des échantillons de GMDA durcis est plus faible en raison de la présence dans la composition du plastifiant EDOS, dans la solution duquel ce durcisseur est introduit. Le type d'huile époxy n'a pas d'effet notable sur l'indicateur décrit.

La table. 4.19 Dureté des matériaux époxydes modifiés par l'EMCD et l'ESM

Composition	Dureté, NVA
ED-20 + AF-2	32
ED-20 + AF-2+ EMCD	43
ED-20 + GMDA	10
ED-20 + UMDA + EMCD	14
ED-20 + APH-2 + ESM	43
ED-20 + UMDA + USM	14

Note : la teneur en EMSD et en ESM est de 10 p.h. par 100 p.h. ED-20

La résistance à l'usure des revêtements époxy durcis par AF-2 et GMDA augmente également de manière significative lorsqu'ils sont modifiés avec des huiles végétales comestibles époxy (Tableau 4.20). Lorsqu'elle est durcie avec de l'aminophénol, l'huile de soja époxy réduit l'usure des revêtements époxy dans une plus grande mesure que l'EMKD.

La teneur de la fraction de gel diminue, c'est-à-dire la densité de la grille spatiale des revêtements époxy formés en présence d'époxy MKD et CM, qui y sont intégrés avec la formation de fragments plus flexibles. Dans ce cas, en cas de modification de l'EMM, on obtient des matériaux plus densément réticulés qu'avec l'EMSD.

Les dérivés époxy d'autres huiles végétales ont un effet similaire sur la structure du polymère époxy réticulé dans l'espace.

Ainsi, dans le travail [70], il est montré qu'en modifiant des compositions époxy durcies à l'hexaéthylènediamine de 10 % en poids d'huile de palme époxy, on l'incorpore dans un treillis époxy et on réduit sa densité. Dans ce cas, les molécules d'huile qui ne réagissent pas agissent comme des plastifiants et peuvent créer des queues qui augmentent le volume libre du polymère.

Tableau 4.20 - Résistance à l'usure et teneur en gel - fractions des revêtements époxydiques modifiés avec EMSD et ESM.

Composition	Usure, 10^{-6} m	Teneur en gel, en %.
ED-20 + AF-2	19	96,1
ED-20 + AF-2+ EMCD	15	89,0
ED-20 + GMDA	27	93.4
ED-20 + UMDA + EMCD	20	89,6
ED-20 + AF-2+ EM	12	95,2
ED-20 + UMDA + USM	20	92,8

Note : La teneur en huiles époxydes est de 10 mas.h. par 100 mas.h. ED-20.

La modification des huiles végétales époxy entraîne une diminution de la viscosité et une augmentation de la vitalité de la composition époxy, c'est-à-dire qu'elles jouent le rôle de diluants actifs. En même temps, l'EMSD et l'EMM peuvent avoir un effet plastifiant et les revêtements qui en résultent devraient avoir une fragilité moindre, ce qui entraîne évidemment une augmentation de leur résistance à l'usure et de leur dureté. [75].

Cet effet peut être associé à une augmentation du niveau de mobilité moléculaire due à l'introduction de molécules plus flexibles d'huiles végétales époxydées dans la structure de la matrice époxy, ce qui contribue à la dissipation de l'énergie mécanique fournie à différents types de déformation. L'augmentation de la mobilité entre les fragments de nœuds du maillage époxy suite à la modification entraîne une diminution de l'usure des revêtements [76].

En même temps, les processus de relaxation dans la composition sont grandement facilités, ce qui contribue à réduire les contraintes internes et à améliorer les performances [77].

En même temps, le coefficient de frottement des revêtements époxy durcis par les deux types d'amines étudiés diminue de façon significative (Tableau 4.21). Par conséquent, il y a une amélioration des caractéristiques de glissement des matériaux grâce à la modification avec des huiles végétales époxy. Ainsi, le type de dépendances temporelles d'un facteur de friction dépend de la capacité d'un matériau à détendre les contraintes créées par les forces externes [78,79] qui est définie par les caractéristiques de la structure en grille des revêtements époxy.

La température dans la zone de contact du contenu corporel apporte également une certaine contribution. Il peut être lié à l'augmentation de la mobilité des éléments d'un maillage tridimensionnel d'une matrice polymère qui favorise l'augmentation de la vitesse de relaxation de la pression de contact au frottement [80].

De plus, les huiles végétales époxydées introduites dans la composition ont un effet lubrifiant. Ceci est dû au fait que les triglycérides, qui sont inclus dans leur composition, ont trois centres actifs (-O-CO-) avec lesquels ils sont fixés sur le métal, et les chaînes d'hydrocarbures sont situées à la surface, la deuxième couche est orientée à l'opposé des premières "queues" vers le bas, la troisième - deuxième, etc... [81,82].

Tableau 4.21 Coefficient de frottement statique des revêtements époxy modifiés avec des huiles végétales époxy

Composition	Coeff. friction
ED-20+ AF-2	0,45
ED-20+ EMCD + AF-2	0,3
ED-20+ EM+ AF-2	0,24
ED-20+HMDA	0,37

Pour la création de compositions époxy avec un complexe de propriétés amélioré, il est envisagé d'utiliser des composés capables de former des fragments d'hydroxyuréthane dans les mailles époxy comme additifs modificateurs [83-86]. Réactif - les modificateurs capables de ce type ont un effet plastifiant et ne migrent pas pendant le stockage et l'utilisation des matériaux époxy. Cela devrait assurer la croissance de leurs caractéristiques de performance de base.

L'introduction de groupes uréthane, comme on le sait [84-87], peut être effectuée par réaction d'oligomères époxy avec des cyclocarbonates et des isocyanates. Cependant, ces derniers sont toxiques, non résistants aux processus d'hydrolyse et aux composés coûteux. Par conséquent, une façon plus prometteuse de produire des compositions d'époxyhydroxyuréthane est d'utiliser des cyclocarbonates, en particulier ceux à base d'huiles végétales [85].

Ainsi, l'aptitude des composés contenant des cyclocarbonates à interagir avec des amines primaires pour former des groupes uréthane et hydroxyle en fait des modificateurs efficaces de compositions époxy durcies par des amines à base d'oligomères de dianes de faible masse moléculaire. [87, 88].

Ainsi, le maintien du cyclo-carbonate de l'huile de soja époxy avec 90 % de conversion des groupes époxy en groupes cyclo-carbonates (CCESM 90) augmente la force adhésive des compositions époxy (Tableau 4.22) qui est causée par la formation de groupes uréthane dans la structure maillée du matériau époxy [88].

En même temps, la teneur en fraction de gel augmente, ce qui indique une augmentation de la densité de la grille spatiale de l'époxypolymère [79].

Tableau 4.22 Force d'adhérence du composé adhésif Al-Al et teneur en fraction de gel des polymères époxy durcis par AF-2 et modifiés par CKESM 90

Corrélation ED-20 / CKESM-90, % en poids.	Teneur de la fraction de gel,%.	Adhesia, Mpa
100 / 0	79,4	
95 / 5	81,2\82,7	3,3/3,8
90 / 10	85,1\86,4	3,4/4,1
85 / 15	87,9\88,8	3,5\4,5
80 / 20	79,7/81,2	5,7\6,9
75/25	79,2/81,1	5,8/7,3

Note : Le dénominateur donne les propriétés des matériaux obtenus par la technologie de modification en deux étapes, et le numérateur une étape.

On sait, d'après les données de la littérature [75], que la réactivité dans les réactions avec les amines des groupes cyclocarbonates est inférieure à celle des α-epoxydes. A cet égard, la variante d'obtention de compositions d'époxycyclocarbonate en deux étapes est intéressante : dans la première étape, le CCESM est mélangé avec un durcisseur pris en quantité pour l'ensemble de la composition ED-20 + bicyclocarbonate ; dans la deuxième étape, la résine époxy est introduite dans la masse réactionnelle obtenue à la première étape.

La réaction d'interaction des cyclocarbonates avec les amines est bien étudiée [75] et suit le schéma suivant :

$$\underset{\overset{|}{O}}{\overset{R}{\underset{C}{\overset{|}{O}}}}\overset{O}{\underset{O}{C}} + H_2NR' \longrightarrow RO-CH_2-CH-CH_2-O-\overset{O}{\underset{\|}{C}}-NHR' \longrightarrow R\underset{OH}{\overset{}{\diagdown}}\underset{1}{\overset{O}{\underset{\|}{C}}}\underset{NHR'}{\overset{O}{\underset{\|}{O}}} + \underset{OH}{\overset{R}{\diagdown}}\underset{2}{\overset{O}{\underset{\|}{C}}}\underset{NHR'}{\overset{O}{\underset{\|}{O}}}$$

Les résultats obtenus par les auteurs [80,81] montrent (Tableau 4.22) que la technologie en deux étapes pour l'obtention de compositions d'époxycyclocarbonate montre une augmentation notable de l'adhérence à l'aluminium. Cet effet augmente lorsque la température augmente au stade du mélange du durcisseur aminé avec le modificateur cyclocarbonate [77]. Ainsi, on peut conclure qu'en cas d'utilisation de l'AF-2, une méthode en deux étapes pour obtenir des matériaux époxy modifiés avec des cyclo-carbonates est plus prometteuse.

Dans la technologie à deux étapes d'obtention de compositions époxy, le CCESM augmente la teneur en fraction de gel dans une plus grande mesure que lorsqu'on mélange tous les composants en une seule étape. Cela indique la formation d'une grille spatiale époxypolymérique plus épaisse.

Il est évident qu'au mélange préliminaire du modificateur cyclocarbonate avec le durcisseur amine, la réaction des groupes cyclocarbonate et amine est plus complète, du fait que les groupes époxy ED-20 sont plus actifs dans la réaction avec les amines que le cyclocarbonate FCESM.

Le principal problème dans la production de cyclo-carbonates à base d'huiles végétales époxydées qui limite leur production industrielle est la durée du processus de cyclo-carbonisation et la nécessité d'assurer une pression et une température relativement élevées pendant cette réaction [86,87].

A cet égard, outre la viscosité élevée du CKESM-90 (Tableau 4.23), il est intéressant d'utiliser comme modificateurs des compositions époxy des cyclocarbonates d'huiles végétales époxy à conversion incomplète des groupes époxy en groupes cyclocarbonates. Cette méthode technologique permet de réduire la viscosité des additifs modificateurs et le temps de leur synthèse, et, par conséquent, de réduire les coûts énergétiques de ce procédé et le coût des modificateurs obtenus [88].

En effet, la viscosité élevée rend difficile le mélange des composants d'une composition époxy et son utilisation comme base pour les adhésifs et les revêtements.

La table. 4.23. Viscosité des modificateurs de cyclocarbonate

Modificateur	La viscosité, papa·c.	
	20°C	50°C
CKESM-50	6,73	0,84
CKESM-75	27,74	1,96
CKESM-90	71,59	4,10

Par conséquent, il était intéressant d'étudier l'influence sur les propriétés des matériaux époxy du rapport entre les groupes époxy résiduels et les groupes cyclocarbonates dans les cyclocarbonates des huiles végétales dérivées de l'époxy. Ces études ont été réalisées [88] sur l'exemple du CCESM avec différentes fonctionnalités moyennes : 2, 3 et 4, (CCESM-50, CCESM-75 et CCESM-90, respectivement).

L'analyse des données expérimentales obtenues par les auteurs [88] a montré que la force d'adhérence et la densité de la structure maillée des compositions époxy augmentent naturellement en raison de la modification des huiles végétales époxydées par tous les cyclo-carbonates étudiés. Ces indicateurs dépendent de la teneur en groupes cyclocarbonates de manière extrême (Tableau 4.24).

Tableau 4.24. - Force d'adhérence et teneur en fraction de gel époxyde, compositions modifiées par le CCECM et le CCEMD.

Type de modificateur	Force d'adhérence, MPa	Teneur en fraction de gel, en %.
Non modifié	3,1	82,8
CCECM-50	3,5	83,4
CCECM- 75	4,8	86,5
CKESM-90	3,4	85,1
CCEMDA	3,6	83,6

Note : Le contenu du modificateur est de 10 mas.h par 100 mas.h ED-20. Les compositions sont préparées par une technologie en une seule étape.

L'effet modificateur maximal est fourni par le MGCEA-75. Ceci est évidemment dû à l'influence de la fonctionnalité et de la réactivité des cyclo-carbonates et de leur viscosité (facteurs stériques) sur les indices décrits.

Le caractère de l'influence du cyclo-carbonate d'huile époxy (CCEMD) sur les propriétés adhésives et la densité de la grille spatiale des matériaux époxy est similaire au CCEMD, et dans la taille de l'effet modificateur - approximativement au niveau du CCEMD - 50.

On peut également noter une forte adhérence au béton d'huiles végétales époxydées modifiées par des cyclo-carbonates, des compositions à base de résine époxy. Par exemple, les éprouvettes sont brisées par du béton plutôt que par un joint adhésif (tableau 4.25).

Tableau 4.25. Adhérence des compositions époxydiques au béton M-400

Composition Composition	Résistance à la déchirure, MPa.
ED-20+AF-2	1,1
ED-20+TSKESM-75+AF-2	2,8
ED-20+CAMCD+UPH-2	2.3

Note : Contenu du modificateur 10 p.h. par 100 p.h. ED-20

Comme dans le cas de l'adhérence à l'aluminium, les cyclo-carbonates d'huiles végétales époxydées augmentent la résistance de l'adhérence de l'époxy entre le béton et le béton.

De plus, le degré de croissance de la force d'adhérence des compositions adhésives époxy à la suite d'une modification est plus élevé en comparaison avec le procédé de collage de l'aluminium. Cela peut être lié à la porosité du matériau à coller et à la pénétration du liant dans les pores du béton.

Comme dans le cas du collage des métaux, et dans ce cas une force d'adhérence plus élevée fournit une huile de soja cyclo-carbonate époxy avec une fonctionnalité optimale par rapport au CCEMD.

Des recherches ont montré [79], que la dureté sur Barkol des compositions époxy augmente d'environ 1,8 fois à l'introduction dans leur structure CCESM 75 (tab. 4.26). L'effet obtenu s'explique, apparemment, par une augmentation du degré de réticulation des matériaux époxy lors de la modification des cyclo-carbonates en raison de leur interaction avec les durcisseurs aminés et de leur encastrement dans le réseau époxy [87].

Le carbonate de cyclo d'huile époxy d'hévéa, contrairement au CCEM, réduit la dureté des matériaux époxy. Cela est peut-être dû au fait que dans ce cas, la croissance de la densité de la grille spatiale des compositions époxy est insignifiante et que l'effet plastifiant de l'additif modificateur prévaut.

Tableau 4.26. Dureté, résistance à l'usure et coefficient de frottement des compositions époxy modifiées avec des cyclo-carbonates d'huile de soja époxy et d'huile d'arbre à caoutchouc.

Type de modificateur	Dureté...	Usure, 10^{-6} m	Coefficient de frottement
Non modifié	31	20	0.4
CKESM-75	52	15	0,25
CCEMDA	23	16	0,3

Note : La teneur en modificateur est de 10 w.h. par 100 w.h. ED-20. Les échantillons ont été obtenus par une technologie en une étape.

Les données expérimentales obtenues montrent que le CCEM-75 et le CCEMDA réduisent tous deux le coefficient de frottement statistique des matériaux époxyde (d'environ 20 à 25 %). En même temps, leur résistance à l'usure augmente (l'usure diminue également d'environ 20 à 25 %) (tableau 4.26). [80].

Les résultats obtenus peuvent être expliqués par l'augmentation de la flexibilité des sections emboîtées de la maille époxy avec augmentation simultanée de sa densité, ainsi que par l'augmentation de la thermostabilité de la composition [88,89].

D'après les données de [82], on sait que l'amélioration des propriétés antifriction peut être favorisée par l'introduction de modificateurs dans la composition, qui peuvent remplir la fonction de lubrification. Les cyclo-carbonates dérivés d'huiles végétales époxydées peuvent également jouer un tel rôle.

Le cyclo-carbonate d'huile de caoutchouc époxydée a un effet modificateur semblable à celui de l'huile de soja époxydée, mais il a un effet modificateur plus faible que le CECM. Son rôle est évidemment joué par la présence d'un grand nombre d'acides gras insaturés dans sa composition [3], ce qui affecte la cinétique de durcissement des résines époxy avec les durcisseurs aminés.

La teneur en fractions de gel, c'est-à-dire le degré de durcissement des compositions époxydes, est plus faible lors de la modification par le cyclo-carbonate de l'huile époxyde d'hévéa, par rapport à la norme CCESM 75 (tableau 4.24). Cela peut également être dû à la teneur plus faible en groupes cyclocarbonates du CCEMD.

En raison du fonctionnement des revêtements et des adhésifs époxy dans des conditions atmosphériques, il est important d'évaluer les changements de leurs propriétés sous l'influence du rayonnement solaire, de la température, de l'humidité, des précipitations, etc. En même temps, la région UV du rayonnement solaire a la plus grande activité photochimique et biologique, tandis que l'augmentation de la température accélère les processus de destruction photochimique et oxydative [90].

La manière la plus fiable de prédire la durée de vie des revêtements est une approche complexe basée sur des essais accélérés en chambre climatique [91].

La tâche des essais accélérés dans la chambre climatique artificielle est de modéliser les influences externes qui peuvent avoir lieu dans les conditions réelles de fonctionnement des matériaux polymères étudiés, c'est-à-dire la simulation des processus de vieillissement naturel sous l'influence des facteurs atmosphériques. Dans ce cas, la pluie et la rosée dans l'appareil du temps artificiel sont simulées par le système d'irrigation d'eau, et l'effet destructeur du rayonnement solaire est simulé par l'irradiation UV - lampes [92].

Les recherches ont montré (Tableau 4.27), qu'en raison de l'influence des facteurs climatiques, à l'endurance des échantillons dans la chambre de climat artificiel pendant un cycle, il y a une croissance naturelle du poids des films époxy, indépendamment de leur structure. Cela peut être attribué à l'absorption d'humidité des échantillons due à la condensation de l'eau distillée sur leur surface [91,92]. Dans ce cas, les modificateurs influencent la croissance des matériaux époxy, c'est-à-dire les processus de sorption.

Les résultats obtenus montrent que dans les limites de toutes les variations étudiées des types de modificateurs, on observe la croissance minimale de la masse à un cycle de vieillissement artificiel pour les matériaux époxy modifiés avec de l'huile de soja, et la croissance maximale - pour ceux qui ne sont pas modifiés. Dans ce cas, lorsqu'on utilise le MKD, la masse des échantillons augmente d'un ordre de grandeur plus important que dans le cas de la modification de l'huile de soja. (tableau 4.27)

Tableau 4.27. Variations de la masse des échantillons de films époxy à la suite d'une exposition dans l'enceinte climatique, en fonction du type de modificateur utilisé et du nombre de cycles d'essai.

Composition Composition	Variation de la masse (d) après exposition au wesemeter		
	1 cycle de test	2 cycles d'essai	3 cycles d'essai
. ED20 + AF2	0,047	-0,002	0,0420
. ED20 + AF-2 + MCD	0,0097	0,0001	0,0824
. ED20 + AF-2 + EMCD	0,00217	-0,0083	0,044
. ED20 + AF-2 + TSMCD	0,0063	0,0401	0,038
. ED20 + AF-2 + CM	0,0002	-0,0022	0,0079
. ED20 + AF-2 + EM	0,0009	-0,0018	0,0200
ED20 + AF-2 + CCECM 75	0,0007	-0,0011	0,0180

Note : Teneur du modificateur 10 pds par 100 pds ED-20 - réduction de poids

Toutes les huiles végétales contiennent des esters d'acides gras insaturés avec 1, 2 et 3 doubles liaisons, qui sont instables aux processus d'oxydation, à l'humidité et à l'exposition aux UV [3]. Il y a plus d'acides gras insaturés libres dans l'IAC que dans l'huile de soja [93], et donc les polymères époxy sont probablement modifiés par elle et les dérivés fonctionnalisés basés sur elle sont moins résistants au vieillissement.

Après le deuxième cycle d'essai, la masse de tous les films époxy, sauf ceux contenant du MKD et du CCEMD, diminue. Il est évident qu'ici, sous l'influence des facteurs climatiques, il y a des processus de migration de la composition des modificateurs et des composants de faible masse moléculaire, non réactifs de la composition époxy.

Ainsi, les auteurs [94] ont constaté que pendant le premier cycle d'humidification dans la chambre climatique artificielle, les résidus des composants non durcis de la composition époxy sont hydrolysés, et que dans le deuxième cycle d'essai, les produits de réaction de faible masse moléculaire sont désorbés des échantillons pendant le séchage ultérieur. C'est probablement la raison de la diminution de la masse des échantillons testés après le deuxième cycle d'exposition dans le weseromètre (tableau 4.27).

On sait [95] qu'en raison de l'augmentation du volume libre des matériaux composites, leur saturation ultime en humidité augmente. En même temps, les huiles végétales, comme le montre l'exemple de l'huile de palme [70], ne sont que partiellement noyées dans la maille époxy, et le reste forme des défauts de son type " queues ", c'est-à-dire augmente le volume libre de la composition.

Cela peut probablement expliquer l'augmentation du poids des matériaux époxy IDC et CCEMDA modifiés après deux cycles d'essais. Dans ce cas, l'absorption d'humidité est plus importante et les composants facilement démontables ont déjà été désorbés après le premier cycle d'influences climatiques [96].

Après le 3ème cycle de test, la masse de tous les échantillons augmente, et plus encore lors de la modification de l'IDC. Ceci est probablement dû à l'absorption d'eau plus élevée des compositions époxy avec ce modificateur, en raison du plus grand défaut de leur structure maillée.

Tous les additifs modificateurs étudiés, sauf l'huile de caoutchouc, augmentent la résistance des matériaux époxy aux facteurs climatiques (tableau 4.27).

Le plus grand effet stabilisateur, au vieillissement dans la chambre climatique après trois cycles de tests, est l'huile de soja et ses dérivés avec des groupes époxy et cyclocarbonate. (tableau 4.27)

Tableau 4.28. Absorption d'eau et teneur en fraction de gel des compositions époxy modifiées

Type de modificateur	Teneur en fraction de gel, en %.	Absorption d'eau, en %.
Huile de soja	93.5	0.87
ESM	95,2	0,72
CCECM 75	98,6	0,61
MKD	89.1	0.98
EMKD	89,7	0.78
CCEMDA	97,1	0,67
Sans modificateur.	96.1	0.76

Note : Contenu du modificateur 10 p.h. par 100 p.h. ED-20

Le MKD et le CM, ainsi que l' EMKD et l'ESM, réduisent tous deux la densité du maillage époxy [13], ce qui se traduit par une diminution de la teneur en fraction de gel (Tableau 4.28). Ces changements de densité de maille sont plus faibles dans le cas de l'huile de soja et de son dérivé époxy.

C'est évidemment la raison de la croissance de masse relativement plus élevée due aux effets climatiques des films époxy, lorsque des additifs modificateurs basés sur le MKD et ses dérivés fonctionnalisés sont introduits dans la formulation. Cependant, il n'y a pas de corrélation claire entre la densité de réticulation des matériaux époxy et leur résistance à l'eau et au climat.

L'analyse gel-zole des échantillons après leur exposition dans une chambre climatique a montré (tableau 4.29) qu'après un cycle d'essais, il y a une croissance naturelle de la densité de la structure spatiale des revêtements, quel que soit le type d'additif modificateur utilisé. En d'autres termes, on peut conclure que le Weserometer durcit les revêtements polymères sous l'influence de températures et d'humidité élevées. [95].

Tableau 4.29. Teneur en gel-fraction des matériaux époxy après vieillissement en chambre climatique

Composition Composition	1 cycle de test	2 cycles d'essai	3 cycles d'essai
ED20 + AF2	99.53%	97,71%	97,07%
ED20 + AF-2 + MCD	99,38%	99,86%	96,72%
ED20 + AF-2 + EMCD	99,74%	97,64%	97,34%
. ED20 + AF-2 + TSMCD	98,38%	99,88%	98,47%
ED20 + AF-2 + CM	99,67%	99,84%	97,79%
ED20 + AF-2 + EM	99,79%	97,81%	97,58%
ED20 + AF-2 + CCECM 75	99,83%	99,88%	98,42%

Note : Contenu du modificateur 10 p.h. par 100 p.h. ED-20

La croissance de la densité d'une grille spatiale de compositions époxy dans l'environnement humide est expliquée par les auteurs [97] comme suit. L'humidité absorbée par le polymère affaiblit les liaisons intermoléculaires, ce qui entraîne une mobilité moléculaire accrue. Il en résulte une probabilité accrue de contact entre les groupes de résine et de durcisseur non réactifs et capables et, par conséquent, la possibilité de former des liaisons chimiques supplémentaires.

Après deux cycles d'essais pour les revêtements modifiés avec des huiles végétales époxy, le degré de réticulation (teneur en fraction de gel) est réduit, tandis que pour les autres formulations étudiées, il continue à augmenter légèrement. (tableau 4.29). Cela peut être dû à la présence d'un nombre supplémentaire de groupes époxy dans les compositions avec EMM et EMKD, qui avaient précédemment réagi avec des amines pour former des fragments internodaux flexibles dans le maillage du polymère.

Après trois cycles d'essais dans l'appareil de météorologie artificielle, le degré de réticulation des revêtements époxy est quelque peu réduit, c'est-à-dire que les processus destructifs commencent à prévaloir. La plus grande diminution des fractions de gel a lieu pour les revêtements époxy contenant de l'huile d'arbre à caoutchouc. (tableau 4.29). Ceci est en corrélation avec leur plus faible résistance à l'eau (tableau 4.28) et les plus grands changements de masse dus aux facteurs climatiques (tableau 4.27).

Ainsi, on peut conclure que lors de l'exposition d'échantillons dans une chambre climatique, il existe des processus concurrents d'augmentation de la densité de la structure réticulaire en polymère époxy et de sa plastification sous l'influence de l'humidité [2,15].

La résistance climatique, selon les données obtenues après trois cycles d'essais, est plus élevée dans les compositions époxy modifiées avec de l'huile de soja et ses dérivés fonctionnalisés. Les plus grands changements de structure dus aux influences climatiques sont observés pour les revêtements époxy modifiés avec de l'huile de caoutchouc.

En résumant les données de la littérature ci-dessus et les résultats de nos propres études expérimentales, nous pouvons conclure que l'huile d'hévéa peut être utilisée pour la production de savons, de résines alkydes, de peintures, de graisses pour l'industrie du cuir, de graisses. Le MKD peut également être utilisé comme alternative au carburant diesel. Il existe des travaux distincts sur la modification du chlorure de polyvinyle et de l'huile de caoutchouc à base de caoutchoucs naturels et synthétiques.

L'IDC et ses dérivés fonctionnalisés sont d'un grand intérêt scientifique et pratique également en tant que modificateurs de matériaux composites époxy.

Toutefois, le potentiel de cette huile n'a pas encore été pleinement exploité par l'industrie, en raison du manque de technologies industrielles pour sa production et leur mise en œuvre pratique, ainsi que du peu d'informations pertinentes dans le domaine d'application de l'IDC et de ses dérivés fonctionnalisés.

En effet, il existe très peu de littérature sur l'utilisation de l'huile de caoutchouc MKD et époxy dans les élastomères, les polymères linéaires et à mailles, malgré l'énorme potentiel d'utilisation de cette matière première végétale renouvelable, en raison de sa composition chimique, et de la large gamme de possibilités de production de gros tonnages dans les pays producteurs de gévéa.

LISTE DE REFERENCE

1. Yixin Zhu, Jianchu Xu, Qiaohong Li, Peter E. Mortimer, Investigation of rubber seed yield in Xishuangbanna and estimation of rubber seed oil based biodiesel potential in Southeast Asia, Energy, v. 30, p. 1-6, 2014

2. Zhe Li, Jefferson M. Fox. Cartographie de la croissance de l'hévéa en Asie du Sud-Est continentale à l'aide de la série chronologique MODIS 250 m NDVI et de données statistiques. *Géographie Appliquée*. 2011. Vol 32. P. 420-432

3. Meier, M.A.R. Les ressources renouvelables d'huile végétale comme alternatives vertes dans la science des polymères / M.A.R. Meier, J.O. Metzger, U.S. Schubert // Chem. Révision de la Soc. - 2007. - Vol. 36. - PP. 1788-1802

4. Hill, K. Graisses et huiles comme matières premières oléochimiques / K. Hill // Pure Appl. Chem. - – 2000. - Vol. 72. - – №7. - PP. 1255-1264.

5. Bentley, R.W. L'épuisement mondial du pétrole et du gaz : un aperçu / R.W. Bentley // Politique énergétique. - – 2002. - Vol. 30. - PP. 189-205.

6. Metzger, J.O. Au-delà du pétrole et du gaz : l'économie du méthanol. Par George A. Olah, Alain Goeppert, et G. K. Surya Prakash / J.O. Metzger // Angew. Chimie, Int. Ed. - – 2006. - Vol. 45. - PP. 5045-5047.

7. R. O. Ebewele1 , A. F. Iyayi et F. K. Hymor Considerations of the extraction process and potential technical applications of Nigerian rubber seed oil, International Journal of the Physical Sciences Vol. 5(6), pp. 826-831, juin 2010.

8. Melvin Jose D, Edwin Raj R, Durga Prasad B, Robert Kennedy Z, Mohammed Ibrahim A. A multi-variant approach to optimize process parameters for biodiesel extraction from rubber seed oil. Appl Energy 2011;88(6):2056e63

9. Aigbodion A.I, Pillai C.K. Préparation, analyse et applications de l'huile de graines de caoutchouc et de ses dérivés dans les revêtements de surface. Prog. Org.Coating, 2000, 38 : 1187-1192.

10. Adeeko KA, Ajibola OO (1990). Facteurs de transformation affectant le rendement et la qualité de l'huile d'arachide exprimée mécaniquement. J. Agric. Eng. Rés. 45 : 31-43

11. Abdullah BM, Salimon J (2009). Caractéristiques physicochimiques de l'huile de graines de caoutchouc malaisien (*Hevea Brasiliensis*). Eur. J. Sci. Res. 31 : 437-445.

12. Achinewhu SC, Akpapunam MA (1985). Caractéristiques physiques et chimiques des huiles végétales raffinées provenant de l'huile de graines de caoutchouc et de fruits à pain. Qual. Plant Foods Hum. Nutr. 35 : 103-107.

13. Perera EDIH, Dunn PD (1990) Rubber seed oil for diesel Engines in Srilanka, J. Rubb. Inst. Sri-lanka 70 : 11-25.

14. Singh S, Singh D. Biodiesel production through the use of different sources and characterization of oils and their esters as the substitute of diesel : a review. Renew Sustain Energy Rev 2010;14(1):200-216.

15. Balat M. Alternatives potentielles aux huiles comestibles pour la production de biodiesel. Un examen des travaux en cours. Energy Convers Manag 2011;52(2):1479-1492.

16. Brennan L, Owende P. Biofuels from microalgaeda review of technologies for production, processing, and extractions of biofuels and co-products. Renew Sustain Energy Rev 2010;14(2):557

17. Aigbodion AI, Pillai CKS (2000). Préparation, analyse et applications de l'huile de graines de caoutchouc et de ses dérivés dans les revêtements de surface. Prog. Org. Revêtement, 38 : 1187-1192. Soetaredjo FE, Budijanto GM, Prasetyo RI, Indraswati N (2008). Effets

18. Jacob CK, Srinivas P, Prem EE, Manju MJ, Mushrif SK, Idicula SP (2007). Huile de graines de caoutchouc pour la substitution partielle de l'huile minérale utilisée comme support du fongicide au cuivre dans la gestion de la maladie de la chute anormale des feuilles du caoutchouc J. Rubb. Res. 10(1) : 54-61.

19. Aigbodion AI, Okieimen FE, Ikhuoria EU, Bakare OI, Obazee EO (2005). Huile de graines de caoutchouc modifiée avec de l'anhydride maléique et de l'acide fumarique et des résines alkydes comme liants dans les revêtements réductibles à l'eau. J. Appl. Polym. Sci. 89 : 3256-3259.

20. Nandanan V., Rani Joseph, George K. E. Rubber Seed Oil : Un additif à usages multiples dans les composés NR et SBR. Journal of Applied Polymer Science. 1999. Vol. 72. P. 487-492

21. Güner, F.S. Polymères à partir d'huiles de triglycérides / F.S. Güner, Y. Yağcı, A.T. Erciyes // Prog. Polym. Sci. - – 2006. - Vol. 31. - Est. 7. - PP. 633-670.

22. Petrović, Z.S. Polyuréthanes à partir d'huiles végétales / Z.S. Petrović // Revues de polymères. - – 2008. - Vol. 48. - PP. 109-155

23. Ajibola OO, Owolarafe OK, Fasina OO, Adeeko KA (1993). Expression de l'huile des graines de sésame. Peut. Agric. Eng. 35 : 83-88.

24. Alonge AF, Olaniyan AM, Oje K, Agbaje CO (2003). Effets de la température de l'eau de dilution et du temps de pressage sur le rendement en huile de l'expression de l'huile d'arachide. J. Food. Sci. Technol. 40 : 652 -655.

25. Atasie VN, Akinhanmi TF (2009). Extraction, études de composition et caractéristiques physico-chimiques de l'huile de palmiste. Pak. J. Nutr. 8(6) : 800-803.

26. Bargale PC, Ford RJ, Sosulski FW, Wulfsohn D, Irudayaraj J (1999). Extraction mécanique de l'huile à partir d'échantillons de soja extrudés. J. Am. De l'huile. Chimie. Soc. 76(2) : 223-229.

27. Dawodu FA (2009). Études physico-chimiques sur les processus d'extraction de l'huile de certaines graines de plantes cultivées au Nigeria. EJAFChe 8(2) : 102-110.

28. Goli SAH, Rahimmalek M, Tabatabaei BES (2008). Caractéristiques physico-chimiques et profil en acides gras de l'huile de graines d'achillée millefeuille. Int. J. Agric. Bouillir. 10(3) : 355-357.

29. Hickox GH (1953). Quelques facteurs affectant l'extraction hydraulique de l'huile de coton. J. Am. De l'huile. Chimie. Soc. 30 : 481-486

30. Goodrum JW, Kilgo MB (1987). Extraction d'huile d'arachide à l'aide de dioxyde de carbone comprimé. Eng. Dedans. Agric. 6 : 265-271.

31. Sayyar S, Abidin ZZ, Yunus R, Muhammed A (2009). Extraction de l'huile des graines de Jatropha - optimisation et cinétique. Am. J. App. Sci. 6(7) : 1390-1395

32. Nwithiga G, Moriasi L (2007). Étude des caractéristiques de rendement lors de l'extraction mécanique de l'huile du soja préchauffé et moulu. J. App. Rés. sci. 3(10) : 1146-1152

33. Ikhuoria EU, Aigbodion AI, Okieimen FE (2004). Amélioration de la qualité des résines alkydes en utilisant des esters méthyliques d'huile de graines de caoutchouc. Trop. J. Pharm. Res. 3(1) : 311-317.

34. Iyayi AF, Akpaka PO, Ukpeoyibo U (2008). Traitement des semences de caoutchouc pour la production de latex à valeur ajoutée au Nigeria. Afr. J. Agri. Rés. 3(7) : 505 - 509

35. Shelby, F. Thames & Haibin, Yu (1999), "Synthesis, characterization and application of oil product in water-reductible coatings", *Journal of Coating Technology, 6:*8 (858), 63-69.

36. Aigbodion, A. R. R. Menon, C. K. S. Pillai. Processability Characteristics and Physico-mechanical Properties of Natural Rubber Modified with Rubber Seed Oil and Epoxidized Rubber Seed Oil A Journal of Applied Polymer Science, Vol. 77, 1413-1418, 2000.

37. Aigbodion, A.I., Okiemen, F.E., Obazee, E.O., & Bakare, I.O.), "Utilization of maleinised rubber seed oil and its alkyd resin as liant in water-borne coatings", *Progress in Organic Coatings, 2003*, 46:28-3.

38. Anthawale, V.D., & Chamanker, A.V.), "Alkyd-ketonic blends for coatings applications", *Paint India.* 2000, 187-192.

39. Nwankwo BA, Aigbekaen EO, Sagay GA (1985). Estimations de la production de semences de caoutchouc (*Hevea Brasiliensis*) au Nigeria. Dedans : Utilisation industrielle du

caoutchouc naturel, du latex de graines et du bois. Proceedings of Natural Conference (Ed : (Ephraim E. Enabor) Rubb. Res. Institute of Nigeria p. 78-87. Ward JA (1976).

40. Reethamma J, Rosamma A, Premalatha CK, Kuriakose B (2005). Utilisation de savon d'huile de graines de caoutchouc dans la mousse de latex provenant d'un mélange de caoutchouc naturel et de caoutchouc styrène-butadiène. J. Nat. Rubb. Rés. 18(1) : 7-13

41. Njoku OU, Ononogbu IC (1995). Études préliminaires sur la préparation de la graisse lubrifiante à partir d'huile de graines de caoutchouc blanchie. Ind. J. NR. Rés. 8(20) : 140-141

42. Adhvaryu, A. ; Erhan, S.Z. Epoxidized soybean oil as a potential source of high temperature lubricants.Ind. Crops Prod. 2002, 15, 247-250.

43. Campanella, A. ; Rustoy, E. ; Baldessaria, A. ; Baltanas, M.A. Lubrifiants à base d'huiles végétales modifiées chimiquement. Bioresour. Technol. 2010, 101, 245–254

44.Azim, A. M., Ool, J.L., Salmiah, A., Ishiaku, U.S., & Mohd, Ishak Z.A. (2001), "New Polyester Acrylate Resin from Palm Oil for Wood coating Application", *Journal of polymer Science, 79* : p.2156-2163.

45. Hofer, R. (1996), Natural Oils and Their Derivatives in the Synthesis and Processing of Polymer. *Weinheim : VCH verlagsgesllschaft*

46. Muturi, P. ; Wang, D. ; Dirlikov, S. Huiles végétales époxydées comme diluants réactifs. Comparaison des huiles de vernonia, de soja époxydé et de lin époxydé. Prog. Org. Manteau. 1994, 25, 85–94.

47. Shaker, N.O. ; Kandeel, E.M. ; Badr, E.E. ; El-Sawy, M.M. Synthèses et propriétés des résines époxydes renouvelables respectueuses de l'environnement pour les revêtements de surface. J. Disperse. Sci. Technol. 2008, 29, 421–425.

48. Devrim BalkoË, Theresa O. Egbuchunam, Felix E. Okieimen Formulation and Properties' Evaluation of PVC/ (Dioctyl Phthalate)/ (Epoxidized Rubber Seed Oil) Plastigels Journal of vinyl & additive technology - 2008, p 65-72.

49. Aigbodion,1 A. R. R. Menon,2 C. K. S. Pillai,2 Processability Characteristics and Physico-mechanical Properties of Natural Rubber Modified with Rubber Seed Oil and Epoxidized Rubber Seed Oil I Journal of Applied Polymer production from high FFA rubber seed oil. Carburant 84(4) : 335-340.

50. Ramadhas AS, Jayaraj S, Muraleedharan C (2005). Biodiesel Huile de graines de caoutchouc : Une huile au grand potentiel. Chemtech J. 3 : 507-516.

51. Ramadhas AS, Jayaraj S, Muraleedharan C (2005). Caractérisation et effet de l'utilisation de l'huile de graines de caoutchouc comme carburant dans les moteurs à allumage par compression. Renewable Energy 30(5) : 795-803.

52. Ikwuagwu O, Ononogbu I, Njoku O. Production de biodiesel à partir d'huile de graines de caoutchouc [Hevea brasiliensis (Kunth. Muell.)]. Industrial Crops Prod 2000;12(1):57-62.

53. Geo EV, Nagarajan G, Nagalingam B. Expériences sur le comportement de l'huile de graines de caoutchouc préchauffée dans un moteur diesel à injection directe. J Energy Inst 2008;81(3) : 177-180.

54. Satyanarayana M, Muraleedharan C. Production d'esters méthyliques à partir d'huile de graines de caoutchouc par un procédé de prétraitement en deux étapes. Int J Green Energy 2010;7(1) : 84-90.

55. Yang R, Su M, Zhang J, Jin F, Zha C, Li M, et al. Production de biodiesel à partir d'huile de graines de caoutchouc en utilisant du poly (acrylate de sodium) supportant du NaOH comme catalyseur résistant à l'eau. Bioresour Technol 2011;102 (3):2665-2671

56. Iyayi AF, Akpaka PO, Ukpeoyibo U, Balogun FE, Momodu IO (2007)

La science, Vol. 77, 1413–1418 (2000) p1413-1418

57. M.R Fernando Fabrication de factice foncé à partir d'huile de graines de caoutchouc, *Rubb. Rti. Inst. Ceylan (1971),* 47, P. 59—64

58. Kozhevnikov, R.V. Additifs modificateurs pour le linoléum en PVC / R.V. Kozhevnikov, E.M. Gotlib, D.F. Sadykova, E.S. Yamaleyeva // Vestnik Kazan. - – 2016. - – т.19. – № 6. - – С. 64–67.

59. B. V. Kalmykov, GV Kudrina A. Vorotyagin Yu. Influence des produits d'origine oléochimique sur les propriétés des milieux condensés et des limites d'interphase des plastiques PVC, Vol. 12, No. 2, 2010.p.123-127

60. Osabohen, E ; Egbon, S H O Cure Characteristics and Physico-Mechanical Properties of Natural Rubber Filled with the Seed Shells of Cherry (Chrysophyllum albidum) J. Appl. Sci. Environ. Gérer. Juin 2007, Vol. 11 (2) 43 - 48 Vol. 11 (2) 43 - 48

61. Okieimen, F E ; Imanah, J E (2005) Physico-Mechanical and Equilibrium Swelling Properties of Natural Rubber Filled with Rubber Seed Shell Carbon, J. Polym. Mater ; 22 (4),2011, p. 411.

62. Osabohien, E ; Adaikpoh, E O ; Nwabue, FJideonwo, A ; Utuk, J P) Effects of fillers on the properties of thermoplastic elastomers, Nig. J. of Applied Sci, 2000 18, 115 - 119.

63. Parzuchowski, P.G. Epoxy resin modified with soybean oil containing cyclic carbonate groups // P.G. Parzuchowski, M. Jurczyk-Kowalska, J. Ryszkowska, G. Rokicki // Journal of Applied Polymer Science. - – 2006. - Vol. 102. - Numéro 3. - PP. 2904-2914.

64. Muhammad Yusuf Abduh, et.al. Synthesis and properties of cross-linked polymers from epoxidized rubber seed oil and triethylenetetramine - Journal of applied polymer science. Vol 132   - 2015, p1-12

65. Sharma, V. Polymères d'addition à partir d'huiles naturelles - Une revue / V. Sharma, P.P. Kundu // Prog. Polym. Sci. - 2006. - Vol. 31. - Est. 11. - PP. 983-1008.

66. Hill, K. Graisses et huiles comme matières premières oléochimiques / K. Hill // Pure Appl. Chem. - – 2000. - Vol. 72. - - №7. - PP. 1255-1264

67. Zlatanic, A. Effet de la structure sur les propriétés des polyols et des polyuréthanes à base de différentes huiles végétales / A. Zlatanic, C. Lava, W. Zhang, Z.S. Petrovic // Journal of Polymer Science : Partie B : Physique des polymères. - – 2004. - Vol. 42. - PP. 809-819.

68. An' Nguyen, E.M. Gotlib, D.G. Miloslavsky, R.A. Akhmedyanova Modification de compositions époxy avec de l'huile d'hévéa. Herald de l'Université de Kazan. 2017. T20. №23. C.10-13

69. Thuan F.K., Kostromina N.V., Osipchik V.S. Influence des acides oxy insaturés sur les propriétés des oligomères époxy. Succès en chimie et en technologie chimique : Collection d'articles scientifiques / Moscou : Mendeleïev RCTU. 2012. T. XXVI. NO 4 (133). C. 117-123.

70. Ariyanti Sarwono, Zakaria Man, M. Azmi Bustam Mélange d'huile de palme époxydée et de résine époxy : L'effet sur la morphologie, les propriétés thermiques et mécaniques J Polym Environ. (2012) 20, p.540–549.

71. R. A., Turmanov R. A., Kochnev A. M., Harlampidi X. E., Vu Minh Duc, Nguyen Thi Thuy, Nguyen Thanh Liem, D. G. Miloslavsky Influence de la nature des huiles végétales sur le processus de leur époxydation par le peroxyde d'hydrogène en présence d'un système catalytique de peroxophosphate de tungstène. Bulletin de l'Université de Technologie. 2015. T.18, NO. 18, P. 25-28.

72. Kozhevnikov I.V., Mulder G.P., Steverink-de Zoete M.C., Oostwal M.G. Epoxydation de l'acide oléique catalysée par le peroxo phosphotungstate dans un système à deux phases. Journal of Molecular Catalysis A : Chemical. 1998. Vol. 134. P. 223-227.

73. Grellmann W., Seidler S. Comportement des polymères en cas de déformation et de fracture. Springer-Verlag Berlin Heidelberg. 2001. P. 405 – 418.

74. Kirillov AN, Sofina S. Yuri, Gripov P. M., Deberdeev R. Я. Modification de compositions époxy par des oligomères d'époxyurethane. Lacocre. La mère et les siens. 2003. №4. C. 25-28

75. Propriétés de frottement, d'usure et d'antifriction des matériaux polymères. - Manuel / E.M. Gotlib, E.R. Galimov, A.R. Khasanova Kazan, Académie des sciences de la République du Tatarstan. - 2017. - 143 c.

76. Kolesnikov, V.I. Caractéristiques élastiques effectives des composites antifriction à base d'époxy (en russe) / V.I. Kolesnikov, V.V. Bardouchkine, A.V. Lapitskiy, A.P. Sychev, V.B. Yakovlev (en russe) // Vestnik du centre scientifique du Sud de la RAS. - 2010. - C.65-71

77. Gotlib E.M., Cherezova E.N., Ilyicheva E.S., Medvedeva K.A. Copolymères époxy, durcissement, modification, application comme adhésif : monographie. M. : Kazan. KNITU. 2014. 114 c.

78. Terent'ev, V.F. Science tribotechnique des matériaux (en russe) / V.F. Terent'ev. - Krasnoyarsk : Science des matériaux, 2003. - – 103 c

79. Khasanova, A.R. Compositions époxy de dureté accrue pour la construction mécanique (en russe) / E.M. Gotlib, E.R. Galimov, A.R. Khasanova // Vestnik de KSTU nommé d'après A.N. Tupolev. - №1. - 2016. - C. 40-42.

80. Khasanova, A.R. Les modificateurs influencent la résistance à l'usure des matériaux époxy (en russe) / E.M. Gotlib, E.R. Galimov, A.R. Khasanova // Izvestia SPbGETU LETI. - Saint-Pétersbourg. - №4. - 2017. - C. 79-83.

81. Khasanova, A.R. Matériaux antifriction à base des époxyplastes modifiés (en russe) / E.M. Gotlib, E.R. Galimov, A.R. Khasanova // Vestnik de KSTU nommé d'après A.N. Tupolev. - №2. - 2016. - C. 42-44

82. Pinchuk, L.S. Basics of tribology : a manual / L.S. Pinchuk, V.A. Struk, V.I. Kravchenko, G.A. Kostyukovich. - Grodno : Université d'État Y.Kupala Grodno, 2005. - – 195

83. Figovsky, O. Modification des colles époxy par les composants d'hydroxyurethane sur la base des matières premières renouvelables (en russe) / O. Figovsky, L. Shapovalov, O. Biryukova, A. Leikin // Colles. La technologie. - – 2012, – № 12, – 2012, – C. 2-5.

84. Zlatanic. A. Effet de la structure sur les propriétés des polyols et des polyuréthanes à base de différentes huiles végétales / A. Zlatanic, C. Lava, W. Zhang, Z.S. Petrovic // Journal of Polymer Science : Partie B : Physique des polymères. - – 2004. - Vol. 42. - PP. 809-819.

85. Desroches, M. Des huiles végétales aux polyuréthanes : voies de synthèse vers les polyols et les principaux produits industriels / M. Desroches, M. Escouvois, R. Auvergne, S. Caillol, B. Boutevin // Revues de polymères. - – 2012. -Vol. 52. - Numéro 1. - PP. 38-75.

86. North, M. Synthèse de carbonates cycliques à partir d'époxydes et de CO_2 / M. North, R. Pasquale, C. Young // Green Chem. - – 2010. - Vol. 12. - PP. 1514-1539.

87. Adhésifs époxy modifiés avec des cyclo-carbonates (en russe) / E.M. Gotlib, D.G. Miloslavskiy, A.R. Hasanova, K.A. Medvedeva, E.N. Cherezova // Bulletin de la KSTU. - T.18. - №21. - – 2015. - C. 74-77.

88. Application de cyclo-carbonates d'huiles végétales époxydées dans la formulation de matériaux composites polymères. Manuel / E.R. Galimov, E.M. Gotlib, D.G. Miloslavsky, R.A. Akhmedyanova, E.N. Cherezova, D.F. Sadykova // LAP LAMBERT AcademicPublishing RU. - Allemagne : - 2016. - 113 c.

89. Miloslavskiy, D. Carbonates cycliques à base d'huiles végétales / D. Miloslavskiy, E. Gotlib, E. Figovsky, D. Pashin // Lettres internationales de chimie, de physique et d'astronomie. - 2014. - Vol. 8 - PP. 20-29

90. Deyev I.S., Kurshev E.V., Lanskiy S.L., Zhelezina G.F. Effet du vieillissement climatique à long terme sur la microstructure de la surface des organoplastiques époxy et sur le caractère de sa fracture dans des conditions de flexion. Questions de science des matériaux. 2016 ;(3(87)):104-114.

91. Kirillov, V.N. ; Efimov, V.A. ; Matveenkova, T.E. ; Korenkova, T.G. Influence des facteurs climatiques et opérationnels successifs sur les propriétés des plastiques en fibre de verre (en russe) // Industrie aéronautique. 2004 №1. C. 45–48.

92. Kirillov B.H., Kavun H.C., Rakitina V.P. et autres. Étude de l'effet de la chaleur et de l'humidité sur les propriétés des textiles en verre époxy // Masse du plâtre. 2008 №9. C. 14–17.

93.E. O. Obazee1 F. E., Okieimen Aigbodion, A. I., Bakare, I. O., Okieimen, F. E. Akinlabi, A.K. Novel Polyesteramide Resin from Rubber Seed Oil for Surface Coating Application. Enquête préliminaire dans la synthèse et la caractérisation de l'huile de graines de caoutchouc maléinisée. (2005), "Chemtech Journal", 1 : 1-9.

94. Smirnov I.V. Modélisation des propriétés physiques et mécaniques et de la résistance climatique des composites époxy. Autoref. candidat des sciences techniques, Saransk, 2017, 19s.

95. Nizina, T.A. ; Selyaev, V.P. ; Nizin, D.R. ; Artamonov, D.A. Résistance climatique des matériaux composites polymères à base de liants époxydiques (en russe) // Architecture et construction régionales. 2015. №1. C. 34–42.

96. Selyaev, V.P. Estimation de la modification des propriétés décoratives des revêtements de protection sous l'irradiation UV (en russe) / V.P. Selyaev, T.A. Nizina, Yu. - – 2008 – № 4 – C. 128–133.

97. A.V. Pyrikov, D.P. Loiko. L'effet de l'eau sur les

propriétés de l'époxy et des polymères de caoutchouc époxy. Bulletin du TGEU. № 3. 2008, c.29-33

CHAPITRE 5. LES COQUES DE SARRASIN ET DE MILLET - DES MATIÈRES PREMIÈRES PROMETTEUSES POUR L'INDUSTRIE CHIMIQUE

Les déchets de céréales (OZK) présentent un intérêt particulier pour la Russie : il s'agit de l'enveloppe (cosse, écorce de fruit du grain) du sarrasin. Comme on le sait, le sarrasin est l'un des produits nationaux les plus importants en Russie, une composante nécessaire de la nutrition infantile et diététique [1]. La Russie est le deuxième producteur de sarrasin au monde après la Chine [2].

En même temps, environ 20 % de la masse des gruaux produits est constituée de cosses, qui sont accumulées par dizaines de tonnes sur les sites de transformation [1]. Le volume annuel moyen de production de sarrasin dans notre pays est de 285 mille tonnes. Un simple calcul montre qu'en moyenne environ 63 mille tonnes d'écales de sarrasin (Buckwheat husk) sont formées en Russie chaque année. Cependant, seule une infime partie de cette quantité trouve son application pratique, c'est-à-dire qu'elle est recyclée. [3].

Reçu après tamisage le PG par son aspect est un mélange de particules brunes en forme de pétales de 3-4 mm de long et 1 mm d'épaisseur.

L'analyse de la structure de l'enveloppe du sarrasin par une méthode de microscopie électronique à balayage a montré (Fig. 5.1), qu'elle est caractérisée par la surface lisse ayant des rebords en relief, formés par les fibrilles orientées dans les directions longitudinale et transversale. [4]. Dans l'ensemble, il se forme une structure fibreuse macroporeuse en volume des enveloppes de sarrasin, ayant une faible valeur de densité apparente - 125 kg/m3.

Fig. 5.1 Image au microscope électronique de l'enveloppe du sarrasin

L'étude par spectroscopie infrarouge du GT a montré la présence de bandes d'absorption dans la région de 3200-3500 cm-1 dans les spectres des liaisons hydrogène liées aux groupes ON. Il existe également des bandes d'absorption dans le spectre à 2923 cm-1 et 2853 cm-1, typiques des oscillations de valence du groupe CH2. Nous avons également trouvé (Fig.5.2) les oscillations de valence de l'anneau glycopyrane à 1090 cm-1, et la communication -C-O-C glycosidique à 1060 cm-1 et 898 cm-1.

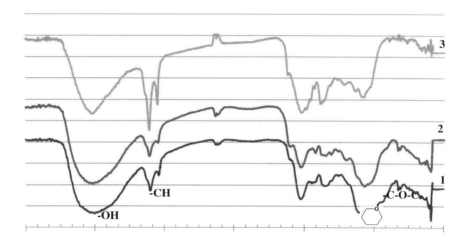

Figure 5.2. - Spectres IR SG : 1 - initial ; 2 - traité thermiquement à 250°C pendant 90 min ; 3 - traité thermiquement à 400°C pendant 1 min.

Les développements scientifiques [3-8] des méthodes d'utilisation des déchets de production de sarrasin (obtention de colorants et de tanins, d'huiles, de sorbants, d'additifs biologiquement actifs, de modificateurs de polymères, etc.

Il est nécessaire de créer un schéma complexe de traitement des déchets de sarrasin, basé sur les données de la dépendance des propriétés des produits reçus sur la composition chimique des matières premières, sur la variété et le lieu de croissance de cette culture céréalière, ainsi que sur les caractéristiques des processus de traitement de l'enveloppe.

Bien que la SH soit la matière première la plus précieuse contenant, outre les polysaccharides et la lignine, des complexes de polyphénols biologiquement actifs, des flavonoïdes et des micro-éléments [6], il n'existe pratiquement pas dans notre pays de productions industrielles réussies qui l'utilisent de manière rationnelle.

En même temps, les déchets de sarrasin peuvent être utilisés efficacement, notamment pour produire des absorbants à base de mousse de polyuréthane semi-rigide [9].

Dans toute technologie de traitement CHG (extraction de polyphénols, de polysaccharides, obtention de lignine), il existe encore une quantité importante de déchets technologiques supplémentaires, qui doivent également être éliminés.

En même temps, tout déchet lignocellulosique obtenu lors du traitement des écales de sarrasin peut être utilisé comme charge pour les matériaux composites bois-polymère (WPC) [10,11].

Le thème de l'obtention de CPP est très pertinent, car ce matériau, basé sur un mélange de polymères thermoplastiques et de particules de bois, gagne rapidement en popularité, tant sur le marché mondial qu'en Russie.

Même aux États-Unis, où ce matériau prometteur a été mis sur le marché avant d'autres pays, la demande n'a pas encore atteint le point de saturation.

Il est notamment prometteur d'obtenir un matériau composite polymère à base de polyéthylène et d'écales de sarrasin. Des études expérimentales ont permis d'établir, dans [12], que les paramètres physiques et mécaniques des matériaux de CPP dépendent de la teneur en charge de la matrice polymère et de la taille des particules d'écales de sarrasin. La valeur maximale de la résistance à la traction obtenue par les auteurs [12] est de 21,75 MPa.

La densité d'un matériau composite à base de polyéthylène et de polymère PE varie de 0,9 à 1,1 g/cm3, en fonction de la teneur en charges du composite.

Le matériau qui en résulte est assez étanche. Son absorption d'eau augmente avec le degré de remplissage des enveloppes de sarrasin et est de 0,73 à 1,35 % après 24 heures d'exposition dans l'eau.

Les particules de WG sont de petite épaisseur et suffisamment grandes, ce qui fait que cette charge a une surface spécifique élevée, ce qui devrait assurer une bonne mouillabilité de son liant. [13].

Les déchets de traitement du millet perlé (POP), qui représentent environ 15 % de la masse de la céréale produite, présentent également un certain intérêt pratique. 14] En termes de composition chimique, les WG et PLO sont principalement de l'amidon et des fibres, ils contiennent 14-25% d'eau, des lipides - 0,8%, des protéines - 3,5% et une petite quantité de minéraux : potassium, sodium, fer, cuivre, nickel [15].

La remise à millet perlé (Fig. 5.3) est de petite épaisseur et suffisamment grande pour avoir une surface spécifique élevée, ce qui devrait contribuer à ce que sa surface soit bien mouillée par le liant.

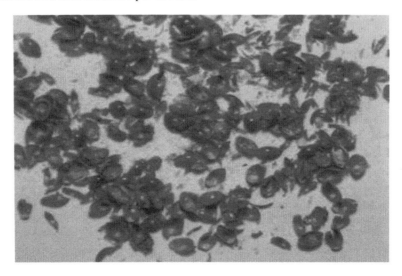

Fig. 5.3. Image au microscope électronique des enveloppes de millet.

L'étude de la composition chimique de l'OLP a montré la présence dans les spectres infrarouges d'une bande d'absorption dans la région 3200-3500 cm-1 indiquant la présence dans la coquille du millet HS de groupes reliés par des liaisons hydrogène. (fig. 5.4)

Les bandes d'absorption des oscillations de valence du groupe CH-CN3 à 2923 cm-1, du groupe CH2 à 2853 cm-1, du cycle benzène à 1090 cm-1 et du pont (-C-O-C-) à 898 cm-1 ont également été trouvées.   Ainsi, en termes de composition chimique, les déchets de millet perlé appartiennent aux polysaccharides, ce qui est confirmé par les spectres IR identiques de la HHP et de la cellulose. [16].

L'utilisation de WG et de PLO comme charge de matériaux composites polymères dans leur forme originale n'est pas assez efficace, en raison de leur faible densité apparente et de la complexité du processus de broyage. Les PG et PLO déchiquetés ne sont pas des particules de forme appropriée. Leur taille moyenne dans 60% de la charge est de 2,5 mm.

La masse volumique apparente de la charge déchiquetée est de 16,35 kg/m3 pour le WG et de 17,4 kg/m3 pour l'OLP, respectivement. Les déchets décrits sont carbonisés dans des alcalis, ne se dissolvent pas dans l'eau et dans les acides minéraux, on note seulement de légères variations de poids de ces charges dans l'acide acétique glacé et l'acide formique concentré.

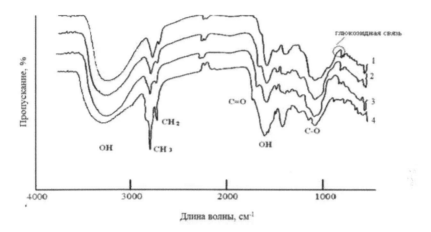

Figure 5.4 - Données ICS sur les déchets de battage du mil (PLO) :

1 - PLO initial ; 2 - PLO traité thermiquement (t=2900C ; τ=90 min) ;

3 - PLO traité thermiquement (t=2500C ; τ=90 min) ; 4 - PLO traité thermiquement (t=3500C ; τ=1 min).

Étant donné que la principale méthode de production des produits thermoplastiques est le moulage par injection, dans lequel le matériau est exposé à des températures élevées, il était important d'évaluer l'effet de la température sur les déchets décrits, afin d'évaluer la possibilité de les utiliser comme charges. [14].

Le WG et l'OLP ont été exposés à des températures de 190, 250 et 400°C pendant des périodes différentes allant de 10 à 180 min. Le traitement à la température déjà à 250 ° C pendant 90 minutes change leur volume et leur apparence. Les particules de déchets semblent rétrécir, devenir plus cassantes et sont beaucoup plus faciles à broyer.

Ainsi, les auteurs [3 et 4] ont traité thermiquement les enveloppes de sarrasin dans l'air, dans la plage de température de 250-7000C, à une vitesse d'augmentation de la température de 10 0C/min. La durée du processus a été de 1 minute, car c'est pendant ce temps que la cohésion de la structure de la coque est maintenue. À la température du traitement thermique de 2500C, le temps d'exposition à la température était de 60 à 120 minutes.

Leur étude des échantillons traités thermiquement par microscopie optique a montré qu'en raison des températures élevées, la structure du GN change, il devient stratifié et semblable au graphite.

Dans la pyrolyse, des produits de décomposition volatils sont libérés de l'enveloppe du sarrasin, les principaux étant l'hydrogène, le méthane, l'oxyde de carbone et le dioxyde de carbone.

L'analyse des spectres IR de gaz naturel traité thermiquement montre [17], qu'à des températures plutôt basses (jusqu'à 2500C) il n'y a pas de changements essentiels dans la composition et la structure des échantillons. Avec l'augmentation de la température de traitement thermique au-dessus de 3500C, l'intensité de la bande d'absorption des groupes ON diminue de manière significative, ainsi que l'intensité des oscillations des groupes CH_2 augmente. (fig. 5.2)

L'étude de la composition élémentaire du PG carbonisé, traité thermiquement à 7000C, a montré que les principaux composants de sa composition sont : les oxydes et les dioxydes de silicium, de potassium, de calcium, ainsi que le manganèse, le magnésium, le fer, l'aluminium et le sodium.

Le WG, traité thermiquement à 3500C et plus, est plus résistant à la chaleur. Il se caractérise par une température de décomposition initiale plus élevée et une perte de masse nettement plus faible.

La déshydratation du WG et de l'OLP initial se produit dans la plage de température de 20 à 150°C avec une perte de masse de 3,5 à 8 %, ce qui est confirmé par la nature endothermique de ce processus.

La destruction du WG et de l'OLP initial commence à 200°C et 160°C, les pertes de masse, après l'étape principale de destruction sont de 64% et 57,5%, respectivement.

L'influence des températures de 200 et 250°C pendant la durée du traitement thermique de 10 à 180 minutes n'influence pas essentiellement la résistance à la température des échantillons.

L'analyse des spectres traités thermiquement à 250 et 400°C WG et PLO montre que lorsqu'ils sont exposés à une température élevée, il y a des différences d'intensité et de position de certaines bandes. (Figures 5.2 et 5.4)

Ainsi, lors d'un traitement thermique, notamment à 400°C, WG et PLO, l'intensité des bandes d'absorption des groupes OH diminue, les bandes correspondant à la liaison d'absorption - C-O-C - glucoside (1060 et 898 cm-1) disparaissent et l'intensité des groupes CH2 (2853 cm-1) augmente. Tous ces changements peuvent indiquer la destruction de la macromolécule par les liaisons glucosidiques. [17,18].

Les auteurs [12] ont utilisé des déchets de millet et de sarrasin comme charges pour le polyéthylène. Pour obtenir le matériau composite, le PE a été mélangé avec du WG et du PLO par la méthode sèche, jusqu'à ce que les charges soient uniformément réparties dans la matrice polymère. La composition obtenue a ensuite été traitée avec un liquide de polyéthylène siloxane utilisé comme anti-adhésif.

Les déchets de millet perlé et de sarrasin ont été introduits dans le polyéthylène en quantité allant jusqu'à 10 h. L'introduction de plus de PG et de PLO dans la matrice polymère est difficile en raison de la taille plutôt importante des particules de déchets même broyés et de leur faible densité apparente.

Afin de sélectionner la méthode de traitement, l'équipement de traitement et les modes de traitement, il a été nécessaire d'évaluer la fluidité des compositions par l'indice de fluidité à chaud (MFR). Dans [19], la détermination de cet indice a été effectuée dans la plage de température de 1500-2100C et dans la plage de charge de 2,6-10 N. Il est démontré qu'avec une charge croissante à toutes les températures étudiées, la fluidité de la composition augmente.

La température a un effet similaire sur le débit. En passant de 1500S à 2100S, l'ATP augmente. Sur la base des recherches effectuées par les auteurs [19], pour la réception des échantillons par une méthode d'extrusion, les paramètres technologiques optimaux ont été choisis : température=1700C, pression=100 MPa.

Selon les exigences technologiques, l'ATP pour les grades de moulage par injection est de 2-20 g/10 min, par conséquent, les compositions étudiées peuvent être traitées par moulage par injection.

L'utilisation de charges permet une régulation importante des propriétés opérationnelles et technologiques des matériaux composites résultants. Le PE de faible densité se réfère, par ses propriétés de résistance, à la classe des matériaux de construction d'usage technique général. Les compositions à base de celui-ci, contenant comme charges des déchets de sarrasin et de millet, sont caractérisées par un complexe de caractéristiques proches du polyéthylène non chargé. Cependant, la présence dans leur recette de WG et de PLO provoque une diminution de la densité des matériaux, augmentant leur résistance à la flexion et à la chaleur, ainsi que leur résistance au fluage [20].

La modification des caractéristiques physiques et mécaniques est causée par des changements dans la structure du polymère chargé, ce qui affecte la nature de la destruction de la composition. Le PE non chargé est déformé lors de l'application de charges de traction avec formation d'un "col", c'est-à-dire qu'il est capable de développer une déformation élastique forcée [13].

Le polyéthylène chargé de déchets de millet perlé et de sarrasin, qu'ils soient initiaux ou broyés, perd sa capacité à créer et à développer une déformation élastique forcée sous contrainte de traction, ce qui entraîne une réduction de l'allongement relatif du matériau.

Les matériaux contenant des déchets de millet perlé et de sarrasin avec des particules plus petites ont une meilleure capacité de déformation. Ceci est dû à une distribution plus uniforme de la charge dans la matrice polymère.

Ainsi, à la suite des études menées par les auteurs [19,20], la possibilité d'utiliser les déchets de battage du sarrasin et du millet comme charge de PE prometteuse a été démontrée. Il est à noter que le remplissage de WG et de PE permet de traiter la composition par la méthode d'extrusion, tout en maintenant les propriétés physiques et mécaniques et la stabilité thermique du PE, tout en réduisant le coût du matériau. Il est également possible d'obtenir des composites biodégradables à base de déchets de sarrasin et de millet.

Ainsi, lorsque le polyéthylène est utilisé comme matrice polymère et que la charge est constituée d'écales de sarrasin ou de millet, on obtient un matériau composite de finition et de structure écologique, moderne et prometteur, combinant les propriétés du bois et du plastique. [21]. Ce matériau polymère avec des charges lignocellulosiques (végétales) peut être produit sur un équipement standard pour la transformation des thermoplastiques.

Ce composite présente des avantages significatifs par rapport au bois : il est résistant à l'humidité et aux microorganismes, facile à traiter et recyclable. Ce matériau composite peut être utilisé pour fabriquer des produits écologiques et résistants à l'environnement. Le matériau a une texture agréable et une couleur naturelle grâce à la teinture naturelle des écales de sarrasin.

Des tests climatiques sur le WPC effectués sur une période de trois mois ont montré que ce matériau est résistant aux intempéries. [21].

Les propriétés opérationnelles du matériau composite bois-polymère dépendent à la fois des caractéristiques de la charge (structure, surface, composition chimique) et des propriétés de la matrice polymère (nature et fonctionnalité). [22-24]

La composition chimique de la charge contribue de manière significative aux caractéristiques d'adhérence des matériaux composites. L'utilisation de charges à base de matières premières végétales renouvelables permet non seulement de réduire considérablement le coût d'obtention des produits, mais aussi d'améliorer leur performance environnementale, ce qui sera l'occasion d'étendre l'application des matériaux dans la construction.

Dans la littérature [22-24], il existe des preuves contradictoires sur l'influence de la composition chimique d'une charge sur les propriétés mécaniques des compositions de polymères. Par exemple, il a été rapporté que les matériaux de charge ayant une teneur en pâte plutôt faible sont caractérisés par des valeurs élevées des caractéristiques de résistance [7]. D'autre part, il a été constaté que l'élimination de la lignine des fibres de bois entraîne une bonne adhérence à l'interface entre les phases de la charge et de la matrice polymère, ce qui à son tour donne des propriétés mécaniques élevées aux matériaux résultants [22,24]. En même temps, les auteurs de l'étude [23] estiment que la composition chimique de la charge n'affecte pas de manière significative les propriétés mécaniques des composites.

Compte tenu de la variété des matières de remplissage " vertes ", la principale difficulté est que les données sur la composition des composants des matières premières végétales, telles que les cultures de céréales résiduelles, données dans différentes sources documentaires, peuvent différer d'un ordre de grandeur. Cela est probablement dû non seulement à l'instabilité de la composition des déchets agricoles, qui dépend des conditions de croissance des cultures, du climat, de la phase de végétation, des processus de traitement et de stockage, et d'autres facteurs, mais aussi aux différences dans les méthodes de détermination de la structure chimique des composants [15,25].

Il a été établi [26] que les CPE avec des charges fibreuses (kenaf, jute, lin, chanvre, banane) ont les valeurs limites de résistance les plus élevées, ce qui est tout à fait compréhensible par la redistribution de la charge sur les fibres. En même temps, ces charges se caractérisent par des valeurs élevées de la teneur en cellulose (jusqu'à 56%).

Cependant, les composites avec des déchets d'orties chinoises, d'ananas et de sisal ont des caractéristiques de résistance moyenne avec des quantités comparables de cellulose et de lignine. Dans un certain nombre de charges, sur la base de matières premières végétales, sont attribuées des enveloppes de noix de coco et de sarrasin, ayant dans la structure environ 40 % de lignine. Dans ce cas, les propriétés mécaniques des composites qui en sont issus ont des valeurs moyennes [26].

Ainsi, sur la base de l'analyse des données de la littérature, il n'y a pas de corrélation claire entre le niveau des propriétés mécaniques des matériaux composites et la teneur en cellulose et en lignine des charges utilisées dans leur formulation [22-26].

Après un certain traitement technologique, les déchets de production végétale peuvent également être utilisés comme charges thermorésistantes pour les reactoplastics. Par conséquent, l'utilisation de déchets de millet perlé et de sarrasin est efficace pour le remplissage avec la résine époxy ED 20 [27,28].

Un facteur important qui limite l'introduction des matériaux époxy est leur risque d'incendie. L'utilisation de retardateurs de combustion (MR) [30] tels que le phosphate de tri-P-chloroéthyle (TCEP), le phosphate de tricrésil (TKP) et l'acrylate de diméthyle contenant du phosphore améliore non seulement les performances physiques et mécaniques, mais aussi l'inflammabilité.

Les propriétés de résistance des matériaux chargés sont fortement influencées par les propriétés physiques des charges : la taille et la forme de leurs particules, qui déterminent la nature de la distribution dans le matériau. Dans ce contexte, les auteurs [30] ont procédé à la préparation de la charge, qui a consisté en son traitement thermique et son broyage. Les compositions ont été durcies avec du polyéthylène-polyamine (PEPA) à température ambiante pendant 24 heures, avec un traitement thermique ultérieur à 90°C, d'une durée de 1 heure [29].

La détermination de la densité de l'échantillon et les données de microscopie électronique ont permis d'établir une distribution uniforme de la charge sur tout le volume de la matrice époxy [28].

Les déchets de millet et de sarrasin sont bien compatibles avec l'oligomère époxy et ont un effet plastifiant. Leur introduction dans la quantité de 30 wt.h. par 100 wt.h. L'ED-20 réduit significativement la viscosité de l'oligomère d'origine, ce qui améliore les conditions de contact du liant avec la charge et le traitement des formulations.

L'effet de la réduction de la viscosité de la composition pendant le remplissage peut être lié au fait que l'introduction de ces modificateurs, en même temps que la plastification, affaiblit l'interaction d'adhésion à l'interface.

L'étude de la cinétique de durcissement de l'ED-20 PEPA a montré que pour l'oligomère d'origine, la formation d'une structure ramifiée prend 60 minutes. La réaction se produit avec un effet exothermique et une forte augmentation de la température à 119°C.

Dans les compositions de TCEP chargées en WG et plastifiées, pendant le durcissement, la température augmente seulement jusqu'à 72-84°C, selon la composition. Ceci indique une diminution de l'effet exothermique de la réaction et de l'influence du plastifiant et de la charge sur la cinétique de formation du maillage époxy [30].

Ainsi, l'introduction de 40 % en poids de WG dans un oligomère époxy réduit la température maximale atteinte pendant le processus de durcissement de 119 à 72°C, et de 50 % en poids à 68°C. L'introduction de 5 et 40 parties en masse de TCEP augmente la température maximale fixée pendant la réaction de durcissement à 82 et 84°C, respectivement, et augmente le temps de durcissement des compositions [27,28].

Les rejets de mil permettent l'augmentation d'un complexe d'indicateurs physiques et mécaniques et la diminution de la combustibilité des matériaux époxy, avec leur transfert dans une classe difficile à brûler. Ainsi, l'indice d'oxygène caractérisant l'inflammabilité [29] augmente avec la modification des matériaux époxy de PLO de 25 à 29,5% en volume [30]. En même temps, une réduction significative du coût des produits obtenus à partir de matières premières écologiques est obtenue.

Pour évaluer l'interaction des composants, la méthode de l'ICS a été utilisée. Dans les compositions époxydes contenant du TCEP, on a noté les pics des oscillations de valence des liaisons =P=O (1250 cm-1) et P-O-C (1079 cm-1) contenues dans le phosphate de tri-P-chloroéthyle. (Figure 5.5)

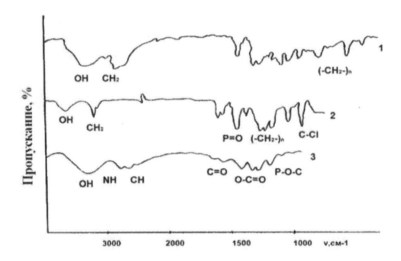

Figure 5.5 - Données de la composition de l'échantillon ICS, masse.. :

1 - 70 ED-20 + 15 PAPA ; 2 - 100 TEF ;

3 - 70 ED-20 + 30 TAP + 15 PAPA

Dans les compositions durcies, le groupe des oscillations de déformation du cycle benzénique 1500 cm-1 disparaît. En même temps, on a détecté l'apparition d'une bande d'absorption à 1183 cm-1 correspondant aux oscillations de valence du groupe éther simple -CO -, -CN2-O-CN2, qui est absent au niveau du retardateur de combustion et de l'ED-20. Ceci confirme la formation de ces groupes dans les polymères époxy lors du durcissement. (Fig. .5.5).

La diminution de l'intensité du pic d'oscillation de la contrainte des groupes OH de l'oligomère et l'apparition de nouveaux pics (1150-1070 cm-1) du groupe C-O-S de liaisons éthériques simples ont permis aux auteurs [4,30]   de supposer que la POM interagit avec l'oligomère époxy dans les groupes hydroxyle avec la révélation de la double liaison.

Dans le travail [32], on a modifié les déchets de millet perlé et de sarrasin par des composés capables de catalyser leur déshydratation. A cet effet, on a utilisé une solution aqueuse à 30 % de tétrafluoroborate d'antipyrène-ammonium (Ammonium Tetrafluoroborate) contenant des atomes de bore et d'azote, qui sont des inhibiteurs du processus de combustion. L'influence du TFBA sur les processus de structuration est confirmée par les données de la microscopie optique, où la préservation de la structure modifiée de l'enveloppe du sarrasin et du millet peut être clairement tracée en comparaison avec la destruction significative de l'enveloppe modifiée dans les déchets non modifiés. En même temps, selon les données de la TGA fournies par l'auteur [32], le TFBA est complètement décomposé aux températures de traitement thermique de l'OLP.

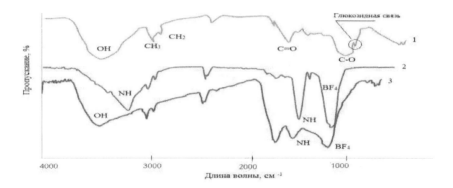

Figure 5.6. Spectres IR : 1 - PLO ; 2 - TFBA ; 3 - PLO + TFBA

L'étude de la composition chimique de l'enveloppe de millet perlé modifiée (MEP) par la méthode ICS a montré que les échantillons traités thermiquement à 7000C ne présentent pas la plupart des pics de vibration disponibles dans l'OLP d'origine. (Fig. 5.6). Cependant, les oscillations de valence de l'anneau (1090 cm-1) sont conservées.

La composition chimique de la POO originale et de la POO modifiée est identique, et il n'y a pas de MOSFET (figure 5.7).

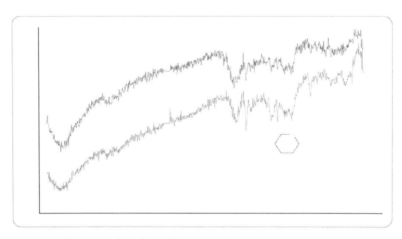

Figure 5.7 - Données de l'ICS traité thermiquement à 7000C, PLO non modifié (1) et modifié (2)

Tableau 5.1 - Propriétés des matériaux époxy chargés

	Propriétés			
	CI, %. volume.	Shock viscosité, kJ/m2	Détruire tension à coude, MPa	Dureté par Brinella, MPa
OLP	25	5	17	110
MPE	29,5	8	34	140

Note, contenu TCEP -30, POP-20 wt.h.

La modification des polymères époxy MEP en combinaison avec le TCEP augmente les propriétés de dureté et de résistance des matériaux tout en réduisant leur inflammabilité. (tableau 5.1). Cette dernière est due au fait que la pyrolyse du TCEP a lieu dans une plage de température proche de la température de décomposition de la composition époxy, ce qui peut assurer une action efficace du TCEP en tant que retardateur de combustion.

Il est établi qu'avec l'augmentation de la teneur en MOH ou MOOP dans la composition polymère et l'augmentation de leur température de traitement thermique, l'indice d'oxygène augmente. Dans le cas des PE, l'IC passe à 33 % vol. et dans le cas des PE, à 30 % vol. (température du traitement thermique ^{700C}, la teneur dans la composition de 40 wt.h.).

Lorsque le MOH est introduit dans une composition époxy de 0,1 % en poids, il s'agit d'un agent de structure qui intervient dans le processus de durcissement. Cela réduit le temps de gel de 80 à 50 minutes et réduit la température maximale de durcissement de 135 à 1170C.

En même temps, l'introduction de 30 % en poids de MOH dans la formulation, au contraire, augmente la viabilité du liant époxy modifié, augmente la température de durcissement, c'est-à-dire que les déchets de sarrasin modifiés montrent les propriétés de la charge active.

L'introduction de NG traité thermiquement en quantité de 10 à 50 h en poids dans la résine époxyde n'influence pratiquement pas le comportement de la composition lors de la pyrolyse et se manifeste [6] dans ce qui suit :

- la résistance thermique du matériau augmente, ce qui est confirmé par une augmentation de la température au début de la destruction ;

- le rendement du résidu carbonisé augmente à la fin de l'étape principale de destruction ;

- la quantité de produits volatils, dont la plupart sont des composés combustibles, est réduite ;

- les taux de perte de masse sont en baisse.

L'effet conjoint du modificateur TCEP et de la charge NG se manifeste par une certaine augmentation du rendement des résidus de coke des matériaux époxy en raison de l'introduction d'un retardateur de flamme contenant du phosphore, qui est un catalyseur de la formation de coke. Cela conduit à une réduction des produits de combustion volatils.

L'interaction chimique entre le retardateur de combustion et la résine époxy est indirectement indiquée par le fait que l'utilisation de TCEP non résistant à la température comme modificateur de 5 et 40 h en poids, augmente même légèrement le rendement des résidus de coke. En l'absence d'interaction chimique de ce GT avec les composants de la composition époxy , la quantité de résidus de coke formés aurait dû être nettement inférieure pour la composition modifiée, par rapport à la composition originale.

Les échantillons contenant des retardateurs de combustion et des modificateurs ne brûlent pas dans l'air. Dans les flammes de l'alcool, elles commencent à mousser en brûlant la charge et forment des structures creuses limitées par le coke.

On constate une diminution de la perte de poids de 86% pour une composition sans charges et modificateurs à 1-10% pour les matériaux chargés et modifiés [30].

Toutes les compositions ci-dessus appartiennent à la classe des matériaux difficilement inflammables, selon la norme GOST 12.1.044-89, car elles ont un indice d'oxygène de CI> 27% en volume.

Les matériaux époxy contenant 40 % en poids ont un complexe plus élevé de caractéristiques physiques et mécaniques. SG et 30 W.H. TXEF, ils ont un volume d'IC de 28%.

Ainsi, l'utilisation combinée de déchets de sarrasin et de millet avec des retardateurs de combustion permet de réduire l'inflammabilité et d'améliorer les performances économiques des matériaux à base de polymères époxy, tout en maintenant leurs propriétés opérationnelles au niveau de la composition non chargée. [30]

Les matériaux époxy chargés de PLO et de WG peuvent être utilisés comme masses de coulée et en combinaison avec les revêtements d'isolation thermique ignifuges WG.

Avant d'entrer dans la matrice époxy, le SG et l'OLP ont été broyés dans un broyeur planétaire. Ceci est dû au fait qu'il y a pour eux une dispersion prononcée des particules en taille, qui peut se manifester par l'instabilité des propriétés des matériaux composites qui en sont chargés.

En utilisant la POO comme charge, il est possible d'introduire ces déchets dans les compositions de polymères sans détruire la structure et la forme des particules, ainsi que lors de leur pré-broyage.

Cependant, on ne peut pas introduire plus de 6 heures-masses d'OLP non broyées dans la matrice époxy. Dans ce contexte, [27] a utilisé pendant 30 minutes les particules de cette production de millet perlé usagé, pré-broyées dans un broyeur planétaire à 120 tr/min. L'étude des compositions époxy chargées a montré que l'utilisation comme charge d'OLP ayant une taille de particules plus petite conduit à une amélioration des performances physiques et mécaniques.

Pour mettre en œuvre le processus d'introduction uniforme d'une petite quantité de charge contenant du carbone finement dispersée dans la matrice époxy, la méthode de dispersion ultrasonique (UDD) a été appliquée. L'analyse comparative des résultats des études physiques et mécaniques des composés obtenus par ultrasons a montré que la distribution de la charge dans la matrice en utilisant cette méthode a permis une certaine augmentation des propriétés des composites époxy, ce qui est particulièrement évident dans les échantillons ayant une faible teneur en charge (0,1 h en poids) [4].

Il est à noter que l'introduction de MOSH dans la composition d'époxy plastifiée en petite quantité de -0,1 masse.h. n'affecte pas de façon significative les propriétés du matériau, et à la teneur de 10 masse.h. le MOSH diminue les caractéristiques mécaniques. Cependant, cela augmente la résistance à la chaleur, ce qui est très important pour les formulations époxy. L'utilisation du MPE comme agent de remplissage a donné des résultats similaires.

Afin de faciliter le processus de broyage et de permettre la création de composites électriquement conducteurs avec un risque d'incendie réduit, les OLP ont été soumis à un traitement thermique. Elle a été réalisée dans un moufle dans la gamme de température de 20-7000C à une vitesse d'augmentation de température de 10-120 /min. La durée du chauffage dépendait de la température et était de 90 minutes à 2500C et de 1 à 2 minutes à des températures supérieures à 2500C. [33].

Lorsque l'on introduit 0,1 h de MEP dans la composition, l'augmentation de la dureté et de la résistance à la chaleur est particulièrement sensible. Cette charge affecte le processus de structuration du polymère époxy, qui se manifeste par l'augmentation du temps de formation du gel et de la viabilité de la composition.

Il a été établi [4] qu'avec l'augmentation de la teneur en MOH et de la température du traitement thermique de ces déchets de sarrasin modifié, l'indice d'oxygène des matériaux époxy chargés augmente. (Fig. 5.8). Cela est dû au fait que, lorsque la température du traitement thermique MOG augmente, les produits volatils inflammables sont éliminés.

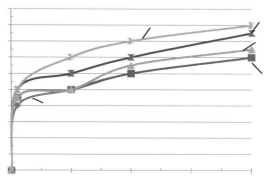

Teneur de la charge, % en poids

Figure 5.8. Influence de la teneur en MOG thermotraité à des températures, ^{0C} : 1 - 300 ; 2 - 350 ; 3 - 400 ; 4 - 450 ; 5 -700 sur l'inflammabilité du PCM

Le contrôle directionnel de la conductivité des matériaux époxy peut être réalisé en utilisant des particules de charge ayant un degré de dispersion plus élevé. Comme les particules de suie, qui donnent la conductivité électrique du composite, ont des dimensions comprises entre 1 et 10 nm, les auteurs [18] ont réduit la résistance volumique spécifique des matériaux époxy MOS dans un broyeur planétaire pendant 150 minutes. Cela a permis d'obtenir la taille des particules de MOSF de 100 - 200 nm, ce qui a assuré l' acquisition de propriétés antistatiques remplies de ses composites.

Pendant le traitement thermique, la composition chimique des charges contenant de la cellulose change, car la quantité de carbone dans celles-ci augmente. Cela conduit à une diminution des propriétés diélectriques des compositions époxy chargées à la fois d'IGM et de MEP. Il est à noter que la valeur de cet indicateur est influencée à la fois par la température du traitement thermique et par la quantité de charge dans la matrice époxy.

L'analyse des propriétés électrophysiques des compositions obtenues avec l'utilisation de déchets de sarrasin et de millet a montré que leur résistance électrique volumétrique spécifique, avec l'introduction d'IGM comme charge, est de 12*10¹¹ à 0,5*10⁹ Ohm*m, et MEP - de 2*10⁸ à 8*10⁵ Ohm*m. Cela permet de classer les formulations développées comme antistatiques.

Outre la production de charges non toxiques, relativement peu coûteuses et suffisamment efficaces à partir de déchets de l'industrie céréalière, il y a des problèmes d'utilisation pour la production de colorants [8,34].

Cela est dû au fait que, outre certains avantages (faible coût de production, meilleure capacité de coloration, absence d'un grand nombre d'impuretés, composition chimique strictement établie), les colorants synthétiques présentent un nombre non moins impressionnant d'inconvénients (grave pollution de l'environnement au cours de la production et de l'utilisation, impact négatif sur la santé humaine). Cela a conduit à une interdiction de leur utilisation dans plusieurs pays du monde.

En même temps, les substances colorantes provenant des écales de sarrasin [8,34], comme la plupart des colorants naturels, ont une activité biologique, de sorte qu'elles peuvent être utilisées non seulement dans la formulation de matériaux polymères, mais aussi comme médicaments et additifs biologiquement actifs [35].

Il existe un certain nombre de solutions technologiques qui permettent d'obtenir des colorants du GT de manière assez efficace. Cependant, aucune des technologies de teinture connues n'a envisagé l'utilisation ultérieure de résidus solides.

Certaines études en ce sens, notamment des tentatives de recyclage de la masse de lignocellulose ont été faites dans l'ouvrage [36]. Les auteurs proposent son blanchiment et son utilisation ultérieure dans la production de pâtes et papiers. Dans ce domaine, il existe des sources plus efficaces, notamment des sources alternatives de pâte à papier avec une teneur plus faible en substances colorées, ce qui réduit le coût de la délignification et du blanchiment.

L'écale de sarrasin est un matériau de remplissage efficace pour les oreillers, les chaises, les matelas, les couvertures, ainsi que pour les rouleaux spéciaux sous la tête, car elle a un effet curatif sur le corps humain. Il aide non seulement à rétablir la circulation sanguine, mais aussi à réduire la fatigue, la tension artérielle et les douleurs musculaires.

Tous les produits qui contiennent des charges à base de déchets de cette culture peuvent être utilisés pour traiter et prévenir des maladies telles que l'ostéochondrose de la colonne vertébrale supérieure.

Comme l'enveloppe de cette plante est inhérente à la forme d'un tétraèdre, elle rend tous les produits dans lesquels elle est incluse, et "respirable".c'est-à-dire confortable pour l'homme.

Les déchets de culture, en particulier les broyeurs de millet et de sarrasin, peuvent également être utilisés comme absorbants de manière qualifiée. [4,37]. Ils peuvent être utilisés pour éliminer la pollution générée par le pétrole pendant la production, le transport, le stockage et le traitement du pétrole. Cela est dû au fait que ces absorbants ont une bonne flottabilité, une faible absorption d'eau et sont capables de se régénérer.

Les PLO modifiés peuvent également être utilisés pour le traitement des eaux usées des stations de lavage de voitures, car ils ont une capacité de sorption élevée pour les produits pétroliers traditionnels. [38]. Les sorbants à base de ces déchets peuvent également être utilisés pour créer des membranes à haute sélectivité pour les protéines extraites des matières premières secondaires (lactosérum).

Ainsi, les données de la littérature témoignent de la possibilité d'utiliser efficacement les déchets carbonisés modifiés des écales de millet perlé et de sarrasin comme charges suffisamment efficaces pour les matériaux composites à base de résines époxy et de polyéthylène, ainsi que pour l'obtention d'absorbants, de colorants, etc.

LISTE DE REFERENCE

1. Le marché russe du sarrasin et des gruaux de sarrasin en 1990-2013, en janvier 2014 // Le centre d'expertise et d'analyse de l'agrobusiness "AB-Center". URL de la ressource EL : http://ab-centre.ru/articles/rossiyskiy-rynok-grechihi-i-grechnevoy-krupy-proizvodstvo-grechihi-proizvodstvo-grechnevoy-krupy-eksport-grechihi-ceny-na-grechihu-ceny-na-grechnevuyu-krupu-potreblenie-grechnevoy-krupy

2. Vysotsky, D. L'état actuel et les principales tendances du marché du sarrasin. Rapport à la conférence internationale " Cultures vivrières : nouvelles opportunités du complexe agro-industriel de l'Ukraine ", (6-7 décembre 2012, Kiev, Ukraine.

3. Shkorina E.D. Composition et traitement complexe des déchets de production de sarrasin, résumé de l'auteur Candidat des sciences chimiques, 2007, 18 p, Vladivostok

4. Eremeeva N.M. Développement de compositions et de technologies d'oléorésorbants et de composés époxy à base de produits cellulosiques modifiés. Diss. jus candidat de la science (Ph.D.) Saratov, 2015. 127c.

5. Comment obtenir de l'huile à partir de l'enveloppe du sarrasin : pat. 2.100426 Ros. La Fédération. No. 96110008/13- indiqué. 13. 05. 1996- Publication 27. 12. 1997.

6. Un peu de sarrasin [Ressource électronique] / "Apeks" Ltd. Code d'accès : http ://ap36. ru/index. php/grechka.

7. Vurasko A.V., Driker B.N., Zemnukhova L.A. et autres. Recyclage des déchets de production de sarrasin pour obtenir de la matière cellulosique // Chimie et formation chimique. - Vladivostok, Russie. 2007. C. 186–188.

8. Méthode d'obtention de teinture à partir de déchets agricoles : application 94038111 Ros. Fédération. déclarée. 10. 10. 1994-pub. 10. 08. 1996.

9. Chikina N.S. Liquidation des déversements de pétrole et de produits pétroliers avec l'utilisation d'un absorbant à base de mousse de polyuréthane et de déchets de cultures céréalières, Résumé, Candidat des sciences techniques Kazan, 2010,19s.

10. Han G., Shiraishi N. Composites de bois et de polypropylènes // Mokuzai Gakkaishi// Polym. Degrad. Stabilité. - – 2008. - Vol. 93. - – P. 1939-1946

11. composites de polyoléfines / éd. par D. Nwabunma, T. Kyu. - Wiley, 2008. 603 p

12. Ponomarenko A. A. Utilisation des déchets agricoles dans la fabrication des produits en polyéthylène (en russe) / A.A. Ponomarenko, I.A. Chelysheva, L.G. Panova // Ecologie et industrie de la Russie. - – 2006. - - № 8. - - C. 4-6. 13.A.V.Desyatkov, N.R.Ponomareva, Yu.M.Budnitsky, O.A.Budnitsky. Serenko, A.I. Dementiev. Influence de la forme des particules de charge sur le caractère de fracture des composites à base de polyéthylène. Advances in Chemistry and Chemical Technology, 2010,№3, de 17 à 23

14. Composites époxydiques I.A. Chelysheva remplis de martelage de déchets agricoles / I.A. Chelysheva, E.S. Sveshnikova, V.V. Pankeyev, L.G. Panova // Fibres et films 2011. Technologies et équipements prometteurs pour la production et le traitement des matériaux en fibres et en films : matériaux de la Conférence-séminaire scientifique pratique internationale, Mogilev, Bélarus. 28 octobre 2011 - Mogilev : Ministère de l'alimentation de l'État de Mogilev, 2011. - – C. 152 -155.

15. Golubev I.G., Shvanskaya I.A., Konovalenko L.Yu., Lopatnikov M.V. Waste recycling in the agricultural sector : a reference book. - Moscou : FSBNU "Rosinformagroteh", 2011. - – 296 c.

16. Kuznetsov B.N. Directions actuelles du traitement chimique de la biomasse végétale renouvelable/ B.N. Kuznetsov// La chimie pour le développement durable. - 2011. - T. 19, № 1. - C. 77-85.

17. Lobacheva, G.K. État de la question des déchets et des méthodes modernes de leur traitement (en russe) / G.K. Lobacheva, V.F. Zheltobrukhov. - Volgograd : Maison d'édition VolGU, 2005. - – 176 c.

18. Yeremeeva NM, Nikiforov A. V., Sveshnikova E. S., Panova, L.G. Investigation des propriétés des compositions époxy sur la base des matériaux cellulosiques modifiés (en russe) // Jeune scientifique. - — 2015. - — №24.1. — C. 20-23.

19. Pankeyev V.V. Nouvelles charges de composés époxy à base de déchets cellulosiques modifiés (en russe) / V.V. Pankeyev, A.V. Nikiforov, E.S. Sveshnikova, L.G. Panova (en russe) // Masses plastiques. - – 2012. - – № 5. - - C. 50-52.

20. Prischenko N. A., Zabolotnaya A. M., Rudenko A. A., Yarygin D. V., Dorozhkin V. P., Gulaya Yu. V., Dvortsin A. A., Lim L.A. Prospects of application of an agricultural crop waste in manufacture of the polymer composites (en russe) // Jeune scientifique. - — 2017. - — №2.1. — C. 27-30.   21. Demande 10 892 Fédération de Russie. Matériau composite polymère de lignocellulose (en russe) / V.A. Reutov, L.A. Lim, A.M. Zabolotnaya, D.A. Makeevich - candidat FGAOU VPO Université fédérale d'Extrême-Orient. N° 2015106746 du 26 février 2015.

22. Nourbakhsh A., Ashori A., Tabrizi A. K. Characterization and biodegradability of polypropylene composites using agricultural residues and waste fish // Composites Part B : Engineering. - – 2014. - Vol. 56. - – P. 279-283.

23. Ashori A., Nourbakhsh A., Mechanical behavior of agro-residue-reinforced polypropylene composites // Journal of Applied Polymer Science. - – 2008. - Vol. 111, N 5 - P. 2616-2620

24. Kazayawoko M., Balatinecz J., Woodhams R., Law S. Effects of wood fiber surface chemistry on the mechanical properties of wood fiber polypropylene composites // J. Polym Mater Polym Mater. - – 1997. - Vol. 37. - – P. 237-261

25. Onishchenko, D.V. Renewable vegetative raw materials as the basis for the functional nanocomposite materials for the universal application (en russe) / D.V. Onishchenko ; V.V. Chakov (en russe) // Journal of applied chemistry. - 2011. - T. 84, papa. 9. - C. 1562-1566.

26. Bledzki A. K., Mamuna A. A., Volk J. Composites de polypropylène renforcé de cosses d'orge et de coquilles de noix de coco : L'effet des propriétés physiques, chimiques et de surface des fibres // Science et technologie des composites. - – 2010. - Vol. 70, N 5 - P. 840-846.

27. Ponomarenko A. A. Recherche sur la possibilité d'application des déchets végétaux comme charges pour les compositions époxy (en russe) / I.A. Chelysheva, A.A. Ponomarenko, L.G. Panova // Compositions du XXIe siècle : Doc. du Symposium international. Saratov, du 20 au 22 septembre 2005. - Saratov : SSTU, 2005. - – C. 364-366.

28. Tchelysheva, I.A. Utilisation des déchets de la production végétale comme charges des compositions de polymères (en russe) / I.A. Tchelysheva, L.G. Panova // Vestnik de l'Université technique d'Etat de Saratov. 2006. №4 (16). Pièce 1. C.40-46

29. Levchik S.V. Thermal decomposition, combustion and flame-retardancy of epoxy resins - a review of the recent literature/ S.V. Levchik, E.D. Weil// Polymer International. - – 2004. - Vol. 53(12). - P. 1901–1929.

30. Tchelysheva, I.A. Étude des processus de pyrolyse et de combustion des composites époxy remplis de déchets de battage agricoles (en russe) / I.A. Chelysheva, E.S. Sveshnikova, V.V. Pankeyev, L.G. Panova // Technologies de l'information, automatisation, systèmes de conception automatisée de systèmes industriels et d'objets de construction : collection de travaux scientifiques de la IIe Conférence scientifique et technique panrusse. - Saratov : Université technique d'État de Sarat, 2011. - – C. 53-56. - ISBN 978-5-7433-2443-9

31. Sveshnikova, E.S. Utilisation des déchets de la production agricole pour le remplissage des polymères (en russe) / E.S. Sveshnikova, I.A. Chelysheva, L.G. Panova // Masses plastiques. - – 2008. - – № 1. - – C. 29-31.

32. Nikiforov A.V. Développement de la technologie des composés ignifuges à base de déchets végétaux contenant de la cellulose modifiée. Autoref. C.T., SSTU, Saratov 2015, 18 p.

33. Étude de l'influence des méthodes physiques et chimiques sur la modification de la composition de la colle époxy chargée / Yakovlev, E.A. [etc.] // Conception. Les matériaux. La technologie. - 2013. - №5 (30). - C. 149-152.

34. Méthode d'obtention de colorant pigmentaire à partir de matières premières végétales : pat. 215 761 Ros. La Fédération. No. 2000116048/13- indiqué. 19. 06. 2000 Publication 10. 06. 2002

35. Comment obtenir des substances biologiquement actives à partir de l'enveloppe du sarrasin : pat. 2222995 Ros. La Fédération. No. 2001131260/13- indiqué. 19. 11. 2001- publication 10. 02. 2004.

36. Vurasko, A.V. ; Minakova, A.R. ; Gulemina, N.N. ; Driker, B.M. Physical and chemical properties of the cellulose obtained by the oxidation-organosolvent method from the plant raw materials (en russe) // Documents de la conférence Internet "Les forêts de Russie au XXIe siècle". URL : http://spbftu. ru/science/internet-conférence (date de l'allocution : 12.12.2016). 5.

37. Zhilyaeva, A.V. Développement d'un absorbant écologiquement sûr pour la purification de l'eau des produits pétroliers et étude de ses propriétés (en russe) / A.V. Zhilyaeva, T.N. Myasoedova, G.E. Yalovega// Izvestia SFU. Les sciences techniques. - 2014. - № 9. - С. 217-225.

38. Nemanova, Yu.V. Estimation d'une possibilité d'utiliser les matières premières végétales comme absorbants des composants des eaux usées (en russe) // Chimie des matières premières végétales. Yu.V. Nemanova, V.G. Stokozenko. - 2012. - №2. - С. 47-50.

CHAPITRE 6. POSSIBILITÉS D'UTILISATION DE LA BALLE DE RIZ DANS LA PRODUCTION CHIMIQUE

Le riz est l'un des produits alimentaires les plus importants au monde, occupant la deuxième place par le volume des récoltes après le blé [1,2]. Chaque année, plus de 600 millions de tonnes de riz sont récoltées sur la Terre. Cette culture est cultivée dans plus de 100 pays [1].

Dans le processus de transformation du riz brut, 20 % de la balle de riz (RS) est accumulée en moyenne [1]. Dans le monde, des centaines de millions de tonnes sont broyées chaque année [2]. Ainsi, les SID représentent une part importante des déchets agricoles issus de la production de céréales. A cet égard, le problème de son utilisation est un défi important pour tous les pays impliqués dans la culture et la transformation du riz, et il est aigu pour les usines de transformation du riz dans le monde entier.

Fig. 6.1 : Coque de riz

L'élimination des déchets de riz, en raison de la teneur élevée en cendres et de leur tendance à brûler dans un stockage à long terme à l'air libre, est un défi. La plupart des balles de riz sont envoyées dans des décharges et sont enterrées, ce qui nécessite de grandes quantités de terre. En même temps, il faut tenir compte du fait que les balles de riz ne se désintègrent pas dans le sol en raison des couches de silice poreuse uniques [2].

Si une balle de riz est envoyée pour être brûlée, elle libère des substances qui peuvent avoir un impact négatif sur la nature et la santé humaine. Cela crée de grands problèmes environnementaux. C'est-à-dire que la balle de riz est difficile à éliminer car elle brûle mal, ne pourrit pratiquement pas, a une grande abrasivité.

D'autre part, la présence de dioxyde de silicium dans les MES fait de ces déchets agricoles une matière première précieuse pour les industries chimiques et autres.

La tâche de l'utilisation et du traitement qualifiés des balles de riz n'est pratiquement pas résolue en Russie, ainsi que dans d'autres pays semeurs de riz (Chine, Inde, USA). Il n'a pas perdu de sa pertinence au fil des ans.

En même temps, il faut tenir compte du fait que le volume annuel de la récolte de riz en Russie est d'environ 1 million de tonnes. La production annuelle de déchets de riz atteint environ 200 000 tonnes dans la région de Krasnodar. Avec une masse volumique apparente de 140 kg/m3, il est de 1,4 million de m3. Même après avoir brûlé cette quantité de cendres, on produit 0,14 million de m3 de cendres. [3].

L'information disponible dans la littérature [4-6] sur la composition chimique du RS diffère nettement en ce qui concerne les indicateurs quantitatifs, ce qui s'explique par les différentes variétés et conditions de croissance du riz (tableau 6.1).

La culture du riz a une composition chimique unique et se distingue de la paille des autres céréales par une teneur accrue en dioxyde de silicium, présent en grande quantité dans les sols où pousse le riz. Le silicium arrive aux racines et se concentre principalement dans les organes de surface [2].

Pour estimer la possibilité d'utiliser le silicium disponible dans le DSP, il est nécessaire de connaître sa composition chimique, la forme sous laquelle il se trouve dans l'usine, son emplacement [7,8].

La culture du riz pousse sur des sols de baies sableuses riches en composés organiques d'humus. L'assimilation et le dépôt de silicium dans la paille et les coquilles des fruits du sol se produisent pendant la période de végétation de la plante. Il est évident que le silicium ne peut être assimilé par les plantes que s'il est dissous ou colloïdal.

Il a été démontré [9] que la solubilité des composés de silicium dépend du pH du sol, de la présence d'acides humiques, de bactéries de silicate et de la température, etc. En raison des particularités de la structure anatomique et morphologique des parties terrestres et sous-marines de la plante de riz, le silicium peut être absorbé sous forme de monomères d'acide silicique.

Filtrés à travers les membranes des poils de la racine, qui ont un caractère basique, les composés de silicium pénètrent dans la balle de riz [10] sous forme d'anion ou de particules d'oxyde de silicium colloïdal.

La plupart des chercheurs croient que la silice, Si-O2, est présente dans le SS. On pense qu'il existe deux formes possibles de silicium dans le riz et ses enveloppes : sous forme d'opale de silicium et de gel d'acide silicique [11].

L'opale de silicium est un hydrogel solide de $SiO_2\text{-}nHO_2$ constitué de silice amorphe et d'eau moléculaire. Sa formation à partir de solutions de silicate à haute température et en présence d'acides est possible [11].

L'opale est considérée comme étant d'origine biologique, car sa structure est typique des dépôts de silicium chez de nombreuses espèces végétales et animales [12].

Le gel d'acide silicique est formé par polymérisation de l'acide orthosilicique $Si(OH)_4$, une forme courante de silice dissoute.

L'opale de silicium et le gel d'acide de silicium ont des liaisons siloxanes Si-O-Si et des groupes silanol $Si\text{-}O_n$, qui ont également été trouvés dans RS [9-11].

La paille et la balle de riz contiennent environ 10-20% de composants minéraux, dont 80-95% de dioxyde de silicium. Par conséquent, la balle de riz, comme la paille de riz, est un aliment peu calorique, un combustible ou un engrais de mauvaise qualité. Il est donc prometteur d'étudier les possibilités de leur application dans les industries de la parfumerie, de la pharmacie, de la chimie et des peintures [12].

Tableau 6.1 - Composition de l'école [4,5]

Composante	Teneur, % (en poids)
Humidité	3,75-4,08
Cendres	1,78-11,86
Pentozans	4,52-37,0
Cellulose	34,32-43,12
Lignine	19,20-46,97
Protéines	1,21-8,75
Graisses	0,38-6,62

L'analyse spectrale a révélé la présence des éléments suivants dans la balle de riz : Ca, Mg, Al, Cu, Mn, Fe, K, Na, Ti, Co et autres. Les oxydes de métaux tels que Ca, Mg, Al, Fe prédominent dans sa composition.

Actuellement, trois méthodes principales d'utilisation de la balle de riz sont connues [13-20].

- **Brûlant.** Jusqu'à présent, c'est la méthode la plus courante et la moins sûre. Lorsque les enveloppes sont brûlées, des éléments finement dispersés pénètrent dans les poumons humains, provoquant la pire maladie - la silicose. Les spécialistes affirment qu'il n'existe actuellement aucune technologie sûre pour brûler la balle de riz. En outre, l'incinération des déchets de riz dans des fours est coûteuse.

- **La création d'amas spéciaux** a également un impact négatif sur l'environnement. Il a été établi que la balle de riz, en créant un espace d'air dans le sol, contribue à l'oxydation active des produits pétroliers par l'oxygène et à leur dégradation.

- **Traitement de la balle de riz.** Les principaux composants de la balle de riz sont la cellulose, la lignine, ainsi que les cendres minérales, qui se composent de 92 à 97 % de dioxyde de silicium. Dans ce contexte, l'enveloppe traitée peut servir de matière première très précieuse pour l'obtention de divers composés de silicium [14-17], qui peuvent à leur tour être utilisés à diverses fins techniques.

Aujourd'hui, diverses méthodes et technologies de transformation des balles de riz sont proposées, qui, à quelques exceptions près, ne sont pratiquement pas mises en œuvre à l'échelle industrielle.

Pyrolyse

Parmi les plus importantes, on peut citer l'utilisation des balles de riz par pyrolyse rapide sans oxygène dans les chaudières des générateurs de gaz. [21,22]. La capacité d'un module de production est assez grande - 10 mille tonnes de balles de riz par an. Il est possible d'obtenir un mélange de dioxyde de silicium et de dioxyde de carbone (3 mille tonnes par an) et un combustible liquide de substitution (4 mille tonnes par an).

Le processus technologique de la pyrolyse comprend plusieurs étapes :

- pour recevoir, stocker et préparer une balle de riz ;
- s'endormir dans le bunker ;
- pyrolyse dans un réacteur à vis ;
- condensation du mélange en carburant liquide ;
- l'alimentation du produit solide dans la machine de pyrolyse ;
- l'élimination des gaz ;
- l'emballage, le stockage du produit semi-fini.

Les opérations mécaniques telles que le broyage et la classification ne sont pas nécessaires, car la balle de riz présente une distribution granulométrique qui assure un traitement thermique optimal dans une atmosphère sans oxygène.

La balle de riz qui entre dans le réacteur est naturellement humide, mais il n'est pas nécessaire de procéder à un séchage préalable. Le traitement thermique en atmosphère exempte d'oxygène dans la chaîne technologique générale a pour but d'obtenir de la balle de riz un résidu avec des substances volatiles éliminées, représentant un mélange amorphe de silice et de carbone. Lors de la pyrolyse rapide avec chauffage des matières premières à la température finale, ne dépassant pas 600 °C, il y a séparation des produits volatils de la balle de riz et condensation ultérieure en combustible liquide ; en raison de la séparation des substances volatiles, la matière est enrichie de silice et de carbone [21,22].

Le principal avantage de cette production est la propreté environnementale, car elle est assurée par un système de recyclage de l'eau qui ne prévoit pas de flux technologiques. Chaque module est équipé d'un système efficace de nettoyage des gaz et des poussières.

Il est rationnel de placer cette production à proximité des producteurs de riz afin de minimiser les coûts de transport.

Traitement thermique

L'expansion de l'utilisation des balles de riz est également considérée comme prometteuse. Cette technologie implique le traitement thermique des déchets de riz sous haute pression. L'enveloppe expansée a une capacité d'absorption d'eau accrue et, en raison de sa teneur en silice, lorsqu'elle est utilisée comme engrais, elle a un effet positif sur la croissance des cultures et améliore sensiblement l'état du sol, en empêchant l'accumulation de sels dans celui-ci.

Presse

Un autre domaine de recyclage de la balle de riz est la technologie de traitement dans une extrudeuse à presse, qui est conçue pour produire des briquettes de combustible respectueuses de l'environnement. Le produit est formé par pressage continu, sans liant, au moyen d'une vis qui crée une pression dans le manchon de formage chauffant.

Méthode complexe

Les technologies de recyclage prometteuses comprennent également une méthode de traitement complexe de la balle de riz, qui comprend deux étapes principales : le séchage et le traitement thermique. Deux types de matières premières sont produits : un produit solide silicium-carbone et un produit organique liquide.

Pelletisation

Parmi les dernières technologies de conception, la possibilité d'utiliser des balles de riz recyclées pour la production de panneaux et de blocs de construction est également envisagée. La particularité de cette technologie est la préparation préalable des granulés de balle de riz, ce qui permet d'augmenter la résistance des matériaux de construction fabriqués.

Ainsi, la transformation des balles de riz a de grandes perspectives, mais à ce stade, ses méthodes et technologies n'en sont qu'au stade du développement scientifique ou de la mise en œuvre, et ne sont pas utilisées dans la production industrielle de plusieurs tonnes.

Lors de l'élimination des balles de riz, les produits commerciaux suivants peuvent être obtenus :

Matériaux en silicium-carbone. Ils peuvent être utilisés :

- comme matières de charge pour les produits en caoutchouc, y compris les pneus de voiture, qui améliorent leurs propriétés de résistance,

- sorbant pour la purification de l'eau des contaminants chimiques (huile, pétrole) ;

- dans la fabrication de peintures et de vernis ;

- dans la production d'abrasifs et de lubrifiants ;

- dans la fabrication de cuir artificiel,

- dans la fabrication de produits métallo-céramiques, etc.

Y compris ceux des S.S :

Dioxyde de silicium (silice, anhydride de silicium) SiO_2.

Application : comme charge dans la fabrication de produits en caoutchouc ; comme épaississant de lubrifiants, adhésifs, peintures ; comme matières premières dans la fabrication de silicium technique, de matières premières de quartz, de silicate, de composants céramiques, d'abrasifs ; dans la fabrication de cuirs artificiels, de parfums et de produits médicaux.

Chlorure de silicium $SiCl_4$. Domaine d'application : matériau de départ pour la synthèse de composés organosiliciés utilisés pour la production de diélectriques, de revêtements de peinture résistants à la chaleur, de lubrifiants, d'agents hydrophobes pour la protection contre l'humidité de divers produits ; production de silicium pur pour la technologie des semi-conducteurs et d'aérosilicium - dioxyde de silicium hautement dispersé, qui sert de charge de caoutchouc.

Carbure de silicium - (carborundum) **SiC**. Application : matériau abrasif pour meules, barres, papier ; pour la fabrication de barres de silicium de fours électriques ; matériau pour matrices dans la métallurgie des poudres ; composant de réfractaires ; élément de base dans les diodes et photodiodes à semi-conducteurs de redresseurs ; élément de renforcement dans les matériaux composites ; céramique métallique.

Nitrure de silicium - (tétranitrure) **Si3N4**. Application : pour le revêtement de fours métallurgiques ; la fabrication de couvercles de protection de thermocouples ; les revêtements d'isolation ; dans la fabrication de dispositifs semi-conducteurs à base de silicium ; dans la fabrication de céramiques.

Les méthodes existantes de séparation du silicium de RS sont basées sur des conditions de traitement strictes (traitement des coques avec des acides minéraux, températures élevées 500-14000C, hydrolyse, pyrolyse, etc.) et ne permettent pas de séparer le silicium sous une forme native constante et d'évaluer ses propriétés chimiques et de sorption [18].

Dans la cuisson aux organosolvants, le dioxyde de silicium reste dans la matière cellulosique, ce qui entraîne une augmentation de la teneur en cendres, une réduction de la blancheur, et son élimination n'est possible qu'au stade du blanchiment [18].

En même temps, on sait que le SiO2, isolé des matières premières non ligneuses, est une matière première précieuse.

C'est pourquoi il est opportun de procéder à une extraction préliminaire du dioxyde de silicium des balles et de la paille de riz, puis à la délignification des matières premières " exemptes de silicium " [19]. Ainsi, le prétraitement alcalin RS conduit à une élimination presque complète des composants minéraux, ainsi qu'à une élimination partielle de la lignine et des substances extractives, ce qui assure l'enrichissement des matières premières en cellulose.

De plus, ce traitement alcalin favorise le gonflement et le relâchement de la structure polymère naturelle, ce qui assure une interaction plus profonde avec les composants du liquide de cuisson lors des étapes suivantes.

La méthode de mise en pâte par organosolvants permet de conserver un pourcentage élevé de cellulose et d'hémicellulose dans le matériau, tandis que la teneur résiduelle en lignine à la fin de la mise en pâte est insignifiante et est de

2,5 %. La teneur en hémicellulose dans le matériau en pourcentage de la masse augmente presque proportionnellement à la quantité de lignine enlevée.

Ainsi, la technologie de la méthode de cuisson oxydative-organosolvant permet d'obtenir à partir de la cellulose SS et de l'oxyde de zinc avec un rendement élevé et de bonnes propriétés de consommation.

L'utilisation de la balle de riz, c'est-à-dire des cendres qui en proviennent, dans la production de pneus [23] est une perspective potentielle. L'utilisation des cendres RS comme additif de modification des pneus permet d'obtenir une combinaison de meilleure adhérence sur sol sec et mouillé et de moindre résistance au roulement. Cela permet d'améliorer le rendement énergétique des pneus, de réduire les niveaux de bruit et de diminuer les émissions de dioxyde de carbone pendant le fonctionnement.

En même temps, l'utilisation des cendres de balle de riz dans la formulation est préférable tant sur le plan écologique qu'économique. Ainsi, les caoutchoucs de pneu et les produits резинотехнические avec l'application карбонизатов de la balle de riz et ses dérivés comme наполнителя, dépassent en qualité la production similaire faite avec du carbone technique ou de la suie blanche. De plus, les charges silicium-carbone à base de RS, en raison de leur teneur plus élevée en phases hydrocarbonées, permettent de réduire la consommation de plastifiant toxique et relativement coûteux. Ils commencent à être utilisés dans la fabrication de pneus "verts" pour camions et voitures par Pirelli et Goodyear.

Le matériau obtenu par pyrolyse des balles de riz à 4800C peut être utilisé comme adsorbant pour éliminer le pétrole et les produits pétroliers de la surface de l'eau. Il a été constaté [24-26] que l'adsorbant obtenu a une grande capacité de sorption, de bons indices de flottabilité et une grande hydrophobie. En même temps, la dépendance entre la densité volumétrique du matériau et la hauteur de pénétration du produit pétrolier dans celui-ci pendant un certain intervalle de temps est inversement proportionnelle, c'est-à-dire que plus la densité du RS carbonisé est élevée, plus la sorption est mauvaise.

Un domaine relativement nouveau du traitement de la RS est la production de matériaux poreux de carbone - silice (PM), qui sont utilisés comme catalyseurs à haute activité pour les processus de synthèse chimique et pétrochimique [12].

L'avantage de l'utilisation des balles de riz à ces fins est la présence de carbone et de parties minérales, de sorte que le produit contient les phases de carbone et de silice à l'état dispersé pendant la carbonisation. La haute dispersibilité des deux phases s'explique par la distribution uniforme de la phase de silice dans la matrice lignocellulosique de RS, et pendant la carbonisation, ces phases se stabilisent l'une l'autre.

Il a été établi dans [12] que la carbonisation à court terme de RS dans un lit fluidisé du catalyseur en présence d'air permet d'obtenir des composites carbone-silice ayant des caractéristiques de texture différentes et le rapport des phases de carbone et de silice. La surface des matériaux obtenus contient une quantité importante de groupes contenant de l'oxygène (hydroxyle, cétone, aldéhyde et carboxylique).

D'autres études [12] ont montré que les nanocomposites carbone-silice peuvent être utilisés comme adsorbants bifonctionnels en raison de la présence de deux phases ainsi que de porteurs de catalyseurs.

L'utilisation de l'école est prometteuse comme matière première pour l'obtention de la FUM, car sa composante minérale agit comme un " modèle " pour la structure poreuse. Ainsi, à l'aide de la balle de riz, il est possible de contrôler la porosité des matériaux obtenus par lixiviation du composant minéral.

Le matériau de carbone qui en résulte a une structure poreuse, qui est formée par un "gabarit" et peut avoir une texture de pore micro et mésoporeuse. Par conséquent, lorsqu'un matériau carboné poreux est obtenu à partir d'un RS, la phase siliceuse est partiellement ou totalement éliminée du produit final.

Les auteurs [13] ont établi la zone optimale d'effet de la température sur le RS à son traitement pyrolytique et à son activation par la vapeur d'eau. A la carbonisation c'est - le chauffage avec l'intensité de 15 C/min jusqu'à 700C ; - l'activation de l'alimentation de vapeur au réacteur avec la température de fourniture de 650C, la durée 30 min.

Selon les auteurs de cette étude, les charbons actifs obtenus à partir des MES sont supérieurs aux charbons industriels.

Sur la base des balles de riz, un matériau en carbone nanostructuré avec une surface spécifique élevée (2400 ... 3900 m2/g) et une microporosité a également été synthétisé [12]. La synthèse comprend les étapes suivantes : carbonisation RS ; activation alcaline (avec du carbonate ou de l'hydroxyde de sodium ou de potassium) ; puis lavage.

Un schéma plus complexe d'obtention de FUM, en tant que système catalytique hybride, comprend les mêmes étapes que le schéma traditionnel d'obtention de ce matériau, mais ajoute une étape de traitement du " charbon actif " par la méthode du précurseur ou du sol-gel.

Cette méthode est basée sur des réactions de polymérisation de composés inorganiques et comprend les étapes suivantes : préparation de la solution ; formation du gel ; séchage ; traitement thermique.

La carbonisation RS avec activation ultérieure de CS3 et mélange avec du kaolin, qui comprend des oxydes d'aluminium, de silicium, de titane, de fer et de calcium, permet d'obtenir un catalyseur capable d'oxyder le monoxyde de carbone à la température ambiante [13].

En [190], on a obtenu un moulage nanostructuré.

Ainsi, l'analyse des données de la littérature montre que les UMF reçues de la SS répondent à toutes les exigences pour ces types de matériaux. En même temps, il y a des possibilités d'obtenir de la FUM des SS, avec ou sans la partie minérale.

Les composés de silicium dans le SS servent de composant avec lequel il est possible d'augmenter la surface spécifique de PUM par lixiviation du silicium. Le même effet peut être obtenu par la pré-délégation de l'école.

L'une des perspectives d'utilisation de la balle de riz sans son traitement thermochimique est la création de nouveaux matériaux d'isolation thermique en utilisant ces déchets comme charge.

Cela est dû au fait qu'actuellement, l'une des tâches urgentes de la technologie moderne des matériaux d'isolation thermique des bâtiments est de trouver des matières premières alternatives pour remplacer les ingrédients coûteux et rares, qui comprennent par exemple les charges polymères.

En même temps, il est efficace d'utiliser des matériaux d'isolation thermique à haute porosité, car l'air qui remplit les pores de ces matériaux est un mauvais conducteur de chaleur. Dans le cadre de ces approches, les balles de riz présentent un intérêt particulier en tant que matière de remplissage pour les matériaux d'isolation thermique. La densité réelle des balles de riz est de 0,735 g/cm3 , alors que la densité apparente n'est que de 0,1 g/cm3. Broyées à divers degrés, les coques ont une masse volumique apparente de 0,19-0,21 à 0,380,4 g/cm3. La densité apparente des cendres de balle de riz est de 0,1-0,2 g/cm3.

Les échantillons obtenus sur la base du ciment M-400 avec l'ajout de sable et de polystyrène par la technologie conventionnelle avec un rapport eau-ciment de 0,30-0,38, ont une densité nominale moyenne de 400-760 g/cm3 et un flou de cône dans les 32-35 mm. La porosité de ces échantillons varie de 1,6 à 4,2 %.

L'ajout de balles de riz au lieu de polystyrène, avec le même rapport eau-ciment, réduit légèrement le flou du cône, tandis que la porosité et la densité moyenne calculée du matériau sont pratiquement inchangées.

Au remplacement du sable par la balle de riz pour obtenir un mélange convenable de l'eau et du ciment, il faut augmenter de 2 fois le rapport, tandis que la densité moyenne des échantillons diminue, avec une certaine augmentation de la porosité. [27].

Avec un faible rapport eau-ciment, la résistance des échantillons est faible. L'augmentation de la consommation de ciment et de balle de riz à un rapport de masse de ciment : balle de riz = 6:1 et un rapport de ciment à l'eau de 0,4-0,6, non seulement double la densité moyenne, mais entraîne également une augmentation significative de la porosité de 4,2 à 10-25%, ce qui augmente la conductivité thermique du matériau.

Par conséquent, la composition optimale de matériaux d'isolation thermique à haute résistance et aux propriétés d'isolation thermique sont des compositions contenant du ciment de qualité M-400, de l'eau et de la balle de riz dans le rapport ciment / RSH = 6:1, avec un rapport eau-ciment de 0,40-0,45.

L'additif organique obtenu par pyrolyse de balles de riz contenant, selon les données de la chromatographie gaz-liquide [16], des acides carboxyliques, des phénols et des alcools organiques présente un intérêt certain pour les matériaux composites, y compris pour l'isolation thermique. Ce supplément a un effet antimicrobien prononcé sur les cultures de E. coli, Vas, subtilis, St. Aureus, Botritis cinerea, etc. et peut être utilisé comme bactéricide et désinfectant. Sa concentration optimale est de 10 % en poids de la masse de ciment.

La technologie d'obtention de l'isolation thermique consiste à mélanger le ciment, l'eau et les balles de riz dans un rapport donné pendant 10 minutes dans le malaxeur. Le mélange obtenu est mis dans des moules, puis une hyperplaque est placée sur le mélange et le moule est amené sous la presse. Le panneau moulé est séché dans des conditions naturelles pendant 2 à 3 jours (selon la quantité d'eau ajoutée).

Cette technologie est économe en énergie car le processus de séchage et de formage des panneaux se fait sans apport de chaleur externe. Dans la fabrication de panneaux de construction avec l'ajout d'un additif organique au mélange de béton résultant de la pyrolyse des balles de riz, les matériaux développés acquièrent également des propriétés bactéricides, qui empêcheront le développement de diverses lésions fongiques des structures de construction.

L'obtention de matières cellulosiques à partir de matières premières végétales non ligneuses a toujours occupé une certaine place dans la production de produits semi-finis fibreux. Le principal avantage de ces matières premières est leur reproductibilité annuelle et la possibilité de les traiter à la fois par des méthodes alcalines traditionnelles de délignification et par des méthodes non traditionnelles, par exemple l'oxydation par organosolvants [28].

Les composites polymères avec des charges lignocellulosiques sont des matériaux modernes prometteurs, qui gagnent avec confiance les marchés mondiaux. Ainsi, l'un des moyens qualifiés d'utilisation de la balle de riz est la fabrication avec son utilisation de plaques pressées décoratives d'isolation thermique et acoustique à base de liant complexe de résine phénol-formaldéhyde et de polymère thermoplastique sous forme de latex.

Les analyses de ces plaques pour la teneur en formaldéhyde libre montrent que la modification dirigée des liants permet une réduction significative (plus de 4 fois) de celle-ci. Les dalles à base de compositions BD modifiées, selon la classification internationale, sont classées comme respectueuses de l'environnement.

Pour améliorer les performances physiques et mécaniques des plaques pressées et pour simplifier le processus de préparation d'un liant contenant une résine urée-formaldéhyde, du chlorure d'ammonium et du latex de méthacrylate de butadiène-styrène, il est également prometteur d'introduire un aérosil.

L'effet du latex de méthacrylate de butadiène-styrène s'explique, d'une part, par la présence de liaisons butadiène aliphatiques, qui augmente l'adhérence du liant de la balle à la surface de la cire, qui est constituée d'acides gras à chaîne aliphatique.

D'autre part, la teneur élevée en liaisons d'acide méthacrylique provoque l'interaction chimique du latex avec la résine, en raison de la réaction des groupes carboxyliques du latex avec les groupes hydroxyle, amine et résine imine, avec la formation d'une grille tridimensionnelle. La distribution uniforme des micelles de latex sur l'ensemble du volume de résine permet d'obtenir une structure plus ordonnée du polymère réticulé en alignant le poids moléculaire de la chaîne entre les unités réticulées et en réduisant le nombre de défauts de structure.

Un rôle important dans cette composition est joué par une charge active - aérosil, qui est un oxyde de silicium fin spécialement préparé, avec une surface hydroxylée développée. En remplissant les micronières des particules de balle de riz, il augmente la surface d'interface et l'adhérence à l'interface.

Ayant une surface hydroxylée développée et des micropores de contact, l'aérosil est capable de chimisorption du formaldéhyde résiduel, réduisant ainsi la toxicité du matériau [28].

Les coques de riz de certaines tailles de particules, ainsi que leurs cendres, sont intéressantes comme charge de matériaux composites à base de thermoplastiques (polyéthylène et polypropylène) [29-31].

RS peut également être utilisé efficacement comme charge pour les compositions époxy obtenues par pressage [32]. Il est établi que son application permet de réduire considérablement les pertes à l'usure abrasive des matériaux époxy. En même temps, la résistance à l'usure des compositions remplies de balle de riz benzoyle modifiée est plus élevée par rapport à l'utilisation de RS non modifié comme charge. Ceci est dû au fait que le prétraitement des déchets de production du riz améliore la mouillabilité de la surface du liant des particules de charge et, par conséquent, plus de groupes hydroxyles sont impliqués dans le processus de réticulation de l'oligomère. La teneur optimale en charges dans la matrice polymère a été établie [32] - 10 % en poids. L'augmentation de la quantité de charge entraîne son agglomération et la détérioration des propriétés tribologiques du matériau. Cependant, la résistance à l'usure reste supérieure à celle du polymère époxy non chargé.

Les données présentées (Fig. 6.1) montrent que le traitement de surface des balles de riz augmente légèrement la résistance à l'usure des matériaux époxy modifiés avec lui. Elle est liée à la croissance de la compatibilité de la balle de riz avec le polymère, au détriment de l'humidification de la surface d'une charge et de l'augmentation de la teneur de ses particules en groupes hydroxyles sur une surface [32,33].

Cela réduit la propagation des fissures, elles n'apparaissent que dans le sens longitudinal de l'application de la charge, et non dans le sens transversal.

En même temps, il y a une diminution du coefficient de frottement, c'est-à-dire une amélioration des caractéristiques antifriction.

Les balles de riz peuvent aussi être d'un intérêt pratique comme matière première pour la synthèse de la vollastonite artificielle [34]. Cela est dû au fait que la base minérale de ce minéral naturel est insuffisante pour couvrir les besoins de diverses industries, et la bollastonite synthétique représente actuellement plus d'un tiers de la consommation mondiale de cette charge [35].

Il est donc important d'obtenir de la vollastonite synthétique à partir des composants bruts, qui sont en quantité suffisante [36].

L'utilisation pour sa synthèse de déchets industriels et agricoles est particulièrement prometteuse.

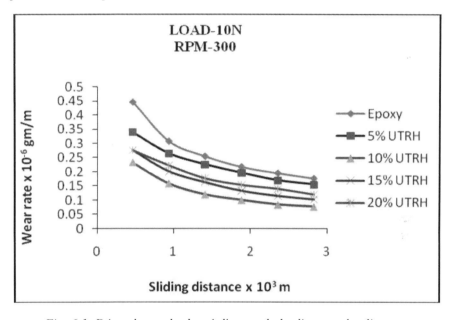

Fig. 6.1. Dépendance du degré d'usure de la distance de glissement pour les compositions époxy avec la teneur en RSh-5, 10, 15, 20 % non traité

Par exemple, la vollastonite synthétique est produite à partir de phosphogypse, de boue néphélinique formée lors de l'extraction de l'alumine des roches néphéliniques, de déchets de production d'acide borique (borogypse), etc. [37,38].

Les auteurs [39] ont brûlé des balles de riz dans des conditions normales pour obtenir de la vollastonite synthétique, ont éliminé les impuretés, puis ont chauffé dans un four à 800°C pendant 3 heures.

Le point de fusion de la vollastonite est de 15400C et, selon les résultats présentés dans [40], les conditions optimales pour la synthèse en phase solide de cette charge - température 10000C - 12000C.

Les auteurs [41] ont synthétisé de la vollastonite à partir de CaSO3 (calcaire) et de SiO2 avec des relations molaires : 1.2 : 1 ; 1 : 1 et 1 : 1.2 respectivement à 1100°C pendant 3 heures.

Les composants initiaux ont été finement broyés dans le mortier d'agate (jusqu'à une taille de particules de 0,5 à 1 µm) en raison de la nécessité d'augmenter la surface de contact entre l'oxyde de silicium et le calcaire. Le mélange ainsi obtenu a ensuite été bien mélangé avec de l'eau distillée jusqu'à une humidité d'environ 20 %. Ensuite, pour obtenir un matériau homogène, le mélange a été placé dans un four à 35°C, où il a été conservé pendant 24 heures.

Au stade suivant de la synthèse de la vollastonite artificielle, le matériau reçu a été placé dans le four, à température ambiante avec son augmentation de 5 degrés par minute jusqu'à 11000C. Le produit a ensuite été maintenu au four à cette température pendant 3 heures, suivi d'une diminution graduelle de la température de 10 degrés par minute jusqu'à la pièce.

La nécessité d'une augmentation ou d'une diminution graduelle de la température est liée à la possibilité de fissuration de la charge reçue, car à 5730C le SiO2 sera structurellement modifié, et au chauffage ou au refroidissement à basse vitesse la structure du SiO2 n'est presque pas détruite. [12].

Après avoir refroidi la charge obtenue à température ambiante, elle a été broyée à une taille de particules d'environ 10 ÷ 15 µm.

Les résultats expérimentaux obtenus (Fig. 6.2 - 6.5) montrent qu'aux rapports de CASO3 et SiO2 = 1,2 : 1, 1:1 et 1:1,2, la probabilité que la structure de la waveastonite synthétique soit similaire à la structure naturelle est de 90,97 %, 88,54 % et 83,19 %, respectivement. Par conséquent, un échantillon de silicate de calcium synthétisé avec un rapport molaire de CASO3 : SiO2 = 1,2:1 a la structure la plus proche de la waveastonite naturelle [41].

Une des caractéristiques de la structure de la charge est sa capacité d'huile, qui dépend de sa distribution granulométrique, de sa densité de tassement et de sa surface.

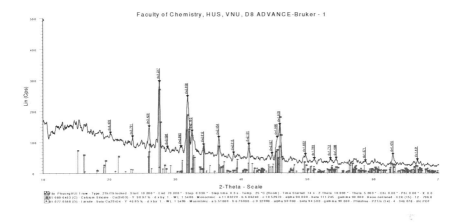

Fig 6.2. Spectre XRD de l'échantillon de charge avec rapport molaire de CASO3 et SiO2 : 1 : 1,2

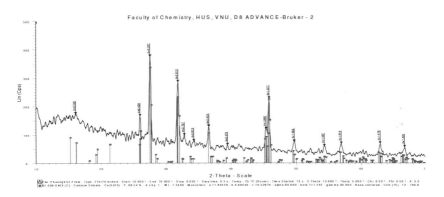

Fig 6.3. Spectre XRD de l'échantillon de charge avec rapport molaire de CASO3 et SiO2 : 1:1

Les résultats montrent que la teneur en huile de la waveastonite synthétique est nettement inférieure à celle de la waveastonite naturelle. Cela indique, selon les données de la littérature [42], que ses particules sont plus grosses et moins dispersées. Cependant, la structure défectueuse du remplisseur contribue également à la valeur de cet indicateur.

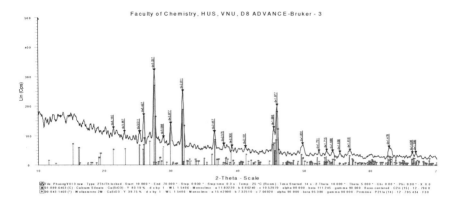

Fig 6.4. Spectre XRD de l'échantillon de charge avec rapport molaire de CASO3 et SiO2 : 1 : 1,2

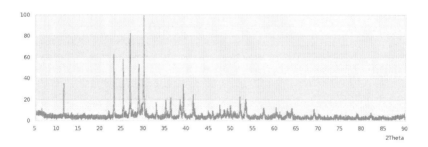

Fig 6.5. Spectre XRD d'un échantillon naturel de waveastonite

Tableau 6.2 Teneur en huile des échantillons de volastonite synthétisée par rapport à la volastonite naturelle.

Nom de l'échantillon	Capacité en pétrole, %.
vollastonite (*Miwall 5-97*)	47
vollastonite (*Miwall 10-97*)	50
vollastonite de synthèse nCaCO3:nSiO2 = 1:1	38
vollastonite de synthèse nCaCO3:nSiO2 = 1:1,2	37
vollastonite de synthèse nCaCO3:nSiO2 = 1,2:1	40

On peut supposer que la forte teneur en huile de la vollastonite naturelle est liée à la forme anisodiamétrique de ses particules, car leur forme irrégulière (aiguille, écaille) favorise l'absorption d'huile. Sur cette base, on peut considérer que la bollastonite synthétique a une forme anisodiamétrique des particules moins prononcée que celle d'un minéral naturel [43,44].

Selon notre hypothèse, fondée sur les résultats expérimentaux obtenus (tableau 6.2), le niveau d'anisodiamétrie le plus bas est l'échantillon de vollastonite ayant une teneur molaire égale en oxyde de zinc et en carbonate de calcium.

La vollastonite naturelle est une charge suffisamment efficace pour les matériaux époxy, améliorant l'ensemble de leurs caractéristiques de performance [45]. Il est donc intéressant d'utiliser de la vollastonite synthétique à base de balles de riz dans ces compositions.

Les études effectuées par la méthode d'extraction ont montré (Tableau 6.3) que l'adsorption de la résine époxyde-diane ED-20 à la surface de la charge est plus grande pour la vollastonite synthétique que pour la vollastonite naturelle. Cet effet se produit pour des échantillons de bellastonite à base de balles de riz ayant des teneurs molaires différentes en oxyde de zinc et en carbonate de calcium, et se manifeste par rapport à la bellastonite naturelle de différents degrés de dispersion.

Tableau 6.3 Degré d'adsorption de l'ED-20 à la surface de la vollastonite

Type de remplissage	Degré d'adsorption, en %.
Vollastonite synthétique $nCaCO_3:nSiO_2 = 1,2:1$	6,66
Vollastonite synthétique $nCaCO_3:nSiO_2 = 1:1$	5,88
Vollastonite synthétique $nCaCO_3:nSiO_2 = 1:1,2$	7.55
Vollastonite naturelle (*Miwall 5-97*)	4,44
Vollastonite naturelle (*Miwall 10-97*)	4,66

Avec l'augmentation de la taille des particules de silicate de calcium naturel, l'adsorption de la résine époxy sur sa surface augmente. La plus grande interaction entre la charge et le polymère se produit pour la vollastonite synthétique, qui a la structure la plus proche de la charge naturelle. Cet échantillon de silicate de calcium est également caractérisé par une teneur en huile plus élevée (tableau 6.2).

Les résultats obtenus peuvent s'expliquer par le fait que l'oxyde de silicium, constitué de balles de riz, est généralement amorphe (forme de poudre), avec une taille de particules de plusieurs microns et une porosité de 0,0045 micron, de sorte que la surface de contact avec la matrice polymère est très grande, elle atteint 321 m2/1 g. En raison des caractéristiques ci-dessus, l'oxyde de silicium dans la composition de la waveastonite synthétique est très actif.

L'interaction du polymère époxy avec les charges contenant du silicium est caractérisée par la formation de liaisons hydrogène dans le schéma :

Puisque le produit de polymérisation ED-20 contient une quantité importante de groupes OH et d'atomes de ponts d'oxygène.

Une analyse de l'information sur les brevets et de la littérature périodique a montré que l'utilisation des balles de riz peut être fructueuse dans les domaines suivants. Ce reçu :

- d'énergie, de vapeur et de gaz, par la combustion ;

- de composés inorganiques de carbone ;

- les composés organiques (polysaccharides, furfurol, xylose, alcool éthylique, acides acétique, mèche et oxalique, etc.)

- charges pour polymères linéaires et à mailles, matériaux ignifuges et calorifuges, mélanges de construction ;

- des sorbants pour éliminer divers ions des solutions et des produits pétroliers ;

- des catalyseurs à haute activité pour les procédés de synthèse chimique et pétrochimique ;

- de matériaux fibreux.

Ainsi, l'utilisation qualifiée de la balle de riz peut se développer dans une direction plutôt prometteuse et rentable pour les industries chimiques et autres, ce qui est également d'une grande importance écologique pour les pays semeurs de riz, y compris la Russie.

LISTE DE REFERENCE

1. A.G. Lyakhovkin Production mondiale et pool génétique du riz. Profi-Inform, Moscou 2005.288 p.

2. E.P. Kozmina, Rice et sa qualité. Kolos, Moscou, 1976. 400 c.

Malysheva N. N. State and prospects of development of rice market in Russia, Scientific Journal of Kuban State Administration, №122(08), 2016.

4. Zemnukhova L.A., Fedorishcheva G.A., Egorov A.G., Sergienko V.I. Investigation of conditions for obtaining, composition of impurities and properties of amorphous silicon dioxide from rice production wastes // Zhurnal Applied Chemistry.2005. T. 78. Ok. 2. C. 324–328.

5. V.I. Sergienko, L.A. Zemnukhova, A.G. Egorov et autres. Sources renouvelables de matières premières chimiques : traitement complexe des déchets de production de riz et de sarrasin// Russian Chemical Industry, 2004, t. XLVIII, №3, p. 117-124.

6. Zemnukhova L.A. V.I. Sergienko. Kagan V.S. Fedorishcheva G.A. Procédé d'obtention de dioxyde de silicium amorphe à partir de balles de riz. Le brevet de la Fédération de Russie 206 1656, 2009.

7. Zemnukhova, L.A. ; Sergienko, V.A. Utilisation de la balle de riz pour la fabrication de l'amphore de haute pureté dioxyde de silicium (en russe) // Utilisation des déchets solides domestiques et autres types de déchets. [Ressource électronique] - Mode d'accès. - URL : http://www.saveplanet.su/tehno_377.html (date de diffusion : 18.01.2014)

8. Le brevet de la Fédération de Russie 2488558 MPK C01B 33/12. Procédé d'obtention de microsilice amorphe de haute pureté à partir de balles de riz. Société à responsabilité limitée "Risilika". Demande : 2011136382/05, 01.09.2011. Publié : 27.07.2013 Bulletin No. 21.

9. R. Eyler. Chimie de la silice. Monde, Moscou, 1982. 416

10 A. A. Eromolaev. Le silicium dans l'agriculture. Lymphe Moscou, 1992. 253 c

A. Kabatat-Pendias, X. Pendias Microelements in Soils and Plants, Science Moscou, 1989, 439 p.

12A V. Vurasko, IO Shapovalova, LA Petrov, OV Stoyanov. Application des coques de fruits de riz comme matériaux poreux à base de silice de carbone pour les systèmes catalytiques (Orsor). Bulletin de l'Université de Technologie. 2015. T.18, numéro 11, p.49-56.

13. Kumar, S. Utilisation de cosses de riz et de leurs cendres : A Review / S. Kumar, P. Sangwan, R. Dhankhar, V. Mor, S. Bidra // Research Journal of Chemical and Environmental Sciences. - – 2013. - – V. 1. - Est. 5. – P. 126 – 129.

14. Rohani, A.B. Production de silice amorphe de haute pureté à partir de l'écorce de riz / A.B. Rohani, Y. Rosiyah, N.G. Seng // Procedia Chemistry. - – 2016. - – V. 19. - – P. 189 – 195

15. Kalapathy, U. Une méthode améliorée pour la production de silice à partir des cendres de la balle de riz / U. Kalapathy, A. Proctor, J. Shultz // Bioresource Technology. - – 2002. - – V. 85. - Est. 3. – P. 285 – 289.

16. Jon, A. Physical activation of rice husk pyrolysis char for the production of high surface area activated carbons / A. Jon, L. Gartzen, A. Maider, B. Javier, O. Martin // Recherche en chimie industrielle et en génie. - – 2015. - – V. 54. - N° 29. - – P. 7241 – 7250

17. Ghosh, R. A review study on precipitated silica and activated carbon from rice husk // R. Ghosh, S. Bhattacherjee // Journal of Chemical Engineering and Process Technology. - – 2013. - Vol. 4. - Is. 4. – P. 156 – 162.

18. Efremova, S.V. Bases physiques et chimiques et technologie du traitement thermique de la balle de riz : [Monographie] / S.V. Efremova. - Almaty : [b. et.], - 2011. - – 149 c.

19. V.V. Vinogradov, A.A. Bylkov Procédé de préparation de balles de riz pour l'obtention de dioxyde de silicium de haute pureté Brevet RF № 2161124.

20. Saprykina, L.V. ; Kiseleva, N.V. Etat et perspectives du traitement thermique de la balle de riz (en russe) // Chimie du bois. - — 1990. - — № 6. - — C. 3—

21. Golubev V.A., Puzyrev E.M., Laptov A.V. Puzyrev M.E. Installation pour obtenir du dioxyde de silicium amorphe à base de pyrolyse contrôlée // Partie minérale du combustible, scories, nettoyage des chaudières, captage et utilisation des cendres / Sb. rapporte V conférence scientifique. Tcheliabinsk, 7-9 juin 2011. Volume II. C. 193-203 C.

22. Skryabin, A.A. ; Sidorov, A.M. ; Puzyrev, E.M. ; Shchurenko, V.P. Procédé de production de dioxyde de silicium et d'énergie thermique à partir de déchets d'usine contenant du silicium et installation pour l'incinération des matières finement dispersées // Brevet RU2291105 C01B33/12, F23C9/00, F23C9/006.

23. Al Resource. https://110km.ru/art/v-shinah-goodyear-budet-ispolzovatsya-silika-poluchennaya-iz-risovoy-sheluhi-110492.html.

24. O.A. Tertyshny, E.V. Tertyshnaya, D.V. Gura. Obtention de sorbants par carbonisation de la balle de riz pour la purification de l'eau à partir de produits pétroliers de l'Université Polytechnique de Prati Odessa, 2013. Vip. 3(42), c.306-309

25. Soroka, P.I. Bases physiques et chimiques du processus de production de dioxyde de silicium à partir de la balle de riz (en russe) / P.I. Soroka et al. // Messager de l'Université Technique Nationale "KPI". - — 2010. - — № 10. - — C. 124 — 134.

26. Soroka, P.I. Définition des paramètres technologiques des procédés d'obtention des composés contenant du silicium à partir des déchets de la production de riz (en russe) / P.I. Soroka et al. // Science... OnachT. —2011. - — № 39. - — C. 219 — 226.

27. Nikolaev, A.S. ; Korobov, V.A. ; Nakhshin, M.Yu. ; Kamentsev, M.V. Heat Insulation Counting Material. Le brevet de la Fédération de Russie 409529.

28. Vurasko, A.V., Driker B.N., Mozyreva E.A., etc. Technologie de la production de la pâte à papier à économie de ressources lors de la transformation complexe des cultures agricoles // Chimie des matières premières végétales, 2006. - – № 4. - – C. 5-10

29. Hattotuwa G. Comparaison des propriétés mécaniques des composites de polypropylène chargés de poudre de balle de riz avec celles des composites de polypropylène chargés de talc / G. Hattotuwa [et al.] // Essais de polymères. - – 2002. - Vol.21(7). - – P. 833-839.

30. Ismail H. The effect of a compatibilizer on the mechanical properties and mass swell of white rice husk ash filled natural rubber/linear low density polyethylene blends/ H. Ismail, J. M. Nizam, H.P.S. Abdul Khalil// Polymer Testing. - 2001. - Vol. 20(2). - P. 125-133.

31. Chand N. Rice husk ash filled-polyester resin composites / N. Chand [et al.] // Journal of Materials Science Letters. - 1987. - Vol. 6(6). - P. 733-735.

32. Shankar Prasad Shukla Investigation in to tribo potential of rice husk (RH) char reinforced epoxy composite, M. Tech Thesis, National Institute of Technology, Rourkela (Deemed University), India, 2011. http:// ethesis.nitrkl.ac.in/2855/

33. Sudhakar M. Tribological behavior of modified rice husk filled epoxy composite / M. Sudhakar, S.P. Samantarai, S.K. Acharya // International Journal of Scientific & Engineering Research. - 2012. - Vol. 3(6). - P. 1-5.

34. Galimova A.R., Vurasko A.V., Driker B.N. et autres. Production de produits semi-finis fibreux lors de la transformation complexe de la paille de riz // Chimie des matières premières végétatives - 2007 - № 3 - C. 47–53.

35. Aperçu du marché de la vollastonite du CIS. Ezd. 4ème dop. Et interrupteur. - Moscou : 2011, 99c.

36. Thong D.N. Une nouvelle technologie d'utilisation des déchets de la production rizicole est développée [ressource électronique]/ D.N. Thong [et al.] // "Communauté scientifique des étudiants du XXIe siècle. Sciences techniques" : Collection électronique d'articles sur les matériaux de la XVIe conférence internationale scientifique-pratique des étudiants - Novossibirsk : Maison d'édition "SibAK". - 2014. - № 1 (16). - Mode d'accès : http://www. sibac. info

37. Gordienko P.S. Yarusova S.B. Stepanova V.A., etc. Moyen d'obtenir de la vollastonite synthétique. Le brevet de la Fédération de Russie 2595682, 2012.

38. Gladun V.D., Andreeva N.N., Nilov A.P., Voloshkin A.P., Ivashkevich A.N., Romanchuk S.A., Ilyin V.A. Moyen d'obtenir de la vollastonite fine. Le brevet de la Fédération de Russie 2090501,1997.

39. Nizami M. S "Studies on the synthesis of wollastonite from rice husk ash and calestone", Institut de chimie, Université du Punjab, Lahore, Pakistan. 1993.,

40. Chen S., Zhou X., Zhang S., Li B., Zhang T. "Low temperature preparation of the β-CaSiO3 ceramics based on the system CaO-SiO2- BaO-B2O3", 2010.

41. Gotlieb E.M., Ha F.T., Yamaleyeva E.S. Nurmieva A.I. "Matériaux époxydiques modifiés avec de la vollastonite synthétique". Collection des travaux de la conférence scientifique de toute la Russie. "Problèmes actuels de la science des polymères - 2018", consacré au 60e anniversaire du Département de la technologie des masses plastiques 19 - 20 novembre 2018. Kazan 2018, p.27.

42 Angelova D. Kinetics of oil and oil products adsorption by carbonized rice husks/ D. Angelova [et al.]// Chemical Engineering Journal. - 2011. -Vol. 172(1). - P. 306-31143.

43. Tyul'nin, V.A. Vollastonit - un minéral unique à usage multiple (en russe) /B. A. Tyulnin, V.R. Tkach, V.I. Eirikh. - Moscou : Ore and Metals, 2003. - – 144 c.

44. La vollastonite est une charge efficace pour le caoutchouc et les matériaux composites à base de polymères linéaires et maillés : monographie (en russe) / E.M. Gotlib, R.V. Kozhevnikov, D.F. Sadykova, A.R. Hasanova, E.R. Galimov, E.S. Yamaleyeva, Ministère de l'Education et des Sciences de Russie, Kazan. - Kazan : Maison d'édition KNITU, 2017. - – 161 c.

CHAPITRE 7. DÉCHETS D'HUILES VÉGÉTALES - DES MATIÈRES PREMIÈRES INNOVANTES ET RESPECTUEUSES DE L'ENVIRONNEMENT

Le problème de l'élimination des déchets est également assez aigu pour les producteurs d'huiles végétales. En même temps, ils peuvent être utilisés avec succès comme matière première non toxique dans diverses industries.

Ainsi, l'enveloppe du tournesol produit d'excellents granulés de combustible en termes de pouvoir calorifique. Leur utilisation élimine la nécessité de brûler le gaz naturel coûteux utilisé dans la production. Par exemple, une grande usine produisant de l'huile de tournesol produit plus de 2 000 tonnes de coques de tournesol par mois, pour le recyclage, ce qui nécessite 20 millions de roubles par an. En même temps, la même usine consomme de l'énergie dérivée de la combustion du gaz naturel, qui coûte environ 10 millions de roubles par an.

L'achat de chaudières spéciales fabriquées en Russie, qui utilisent l'écorce de tournesol comme combustible, aura un effet économique d'environ 25 millions de roubles dans une seule de ces entreprises industrielles, grâce à l'introduction de la technologie d'élimination des déchets et à l'utilisation de l'écorce comme biocarburant au lieu du gaz. Les investissements en équipement peuvent être rentabilisés, selon les calculs, en un an environ [1-3].

Les huiles végétales usées sont transformées en biocarburants par l'ajout d'alcool méthylique et d'alcali, qui sert de catalyseur pour la réaction de transestérification. Ce procédé est réalisé avec les paramètres de régime suivants : rapport molaire méthanol : déchets d'huile végétale - 6:1 ; catalyseur alcalin -1% NaOH ; température de fonctionnement du procédé - 65°C ; temps de réaction - 1 h ; rendement en ester de 94%.

Après décantation et refroidissement, le liquide résultant est divisé en deux fractions - légère et lourde.

La fraction légère est l'éther méthylique ou le biodiesel, la fraction lourde est la glycérine. Obtenu par transestérification des triglycérides du pétrole par catalyse alcaline, le biodiesel est proche du gazole par sa composition moléculaire [2].

FOR MAXIMUM CONVERSION OF TRIGLYCERIDES INTO METHYL ESTERS, FATS AND OILS SHOULD BE PRELIMINARILY

PURIFIED TO AN ACID NUMBER LESS THAN 0.5 MG KOH[3], AND METHANOL SHOULD BE DEHYDRATED [3].

Une large application des huiles végétales usagées se retrouve également dans la fabrication du carburant diesel mixte réalisé par mélange de diesel et de biodiesel ou de diesel et d'huiles végétales.

Les huiles végétales usées peuvent également être utilisées pour la production de graisses plastiques, de fluides de processus de lubrification et de refroidissement, de matériaux de conservation, ainsi que d'additifs pour huiles minérales [4-6].

Un mélange d'huile végétale avec du goudron gras et des acides gras distillés trouve son application comme graisse technique.

La réception de lubrifiants à base de déchets d'huile végétale est efficace pour l'utilisation dans les machines agricoles. Ces déchets ne sont pas adaptés à des fins alimentaires, mais ils sont non toxiques, hautement biodégradables et représentent des matières premières renouvelables avec des volumes de 5 à 15% de l'huile pure produite. [5]. Les déchets décrits contiennent des composants qui peuvent être transformés en lubrifiants et en agents de conservation et qui produisent des huiles hydrauliques, des huiles de transmission et des graisses respectueuses de l'environnement qui sont recherchées dans la production.

Dans les systèmes de lubrification des machines qui travaillent avec des charges considérables et prolongées, les huiles présentent, grâce à leur grande stabilité, un certain nombre d'avantages par rapport aux huiles végétales à faible stabilité antioxydante et hydrolytique.

Cependant, les compositions à base de produits végétaux présentent de meilleures caractéristiques viscosité-température et, contrairement aux huiles pétrolières, répondent aux exigences modernes des huiles lubrifiantes et hydrauliques en termes de pouvoir lubrifiant, de protection contre la corrosion des alliages ferreux et non ferreux, de propriétés antimousse, de désaération et de désémulsification. [6].

Compte tenu de l'importance de la composante environnementale du problème du traitement et de l'utilisation des lubrifiants à base de déchets de la production d'huiles végétales, les auteurs [7] ont étudié les processus de décomposition biologique des produits de la purification des huiles végétales, après leur obtention par filage et centrifugation.

Des études en laboratoire sur l'eau du robinet contaminée par des huiles minérales, des huiles végétales et leurs déchets de production, ainsi que sur les produits de leur transformation, ont montré qu'en termes de biodégradabilité, elles sont beaucoup plus actives que les huiles minérales sans additifs ou avec additifs.

La détermination de la consommation biochimique d'oxygène dans les eaux polluées par les huiles étudiées a montré que, dès le troisième jour de stockage des eaux avec des mélanges d'huiles végétales ou de déchets de leur production et de leur traitement, on observe une diminution significative de la concentration d'oxygène dissous dans ces eaux, ce qui indique les processus biodégradables actifs qui se produisent dans ces milieux.

Les données obtenues sont assez bien corrélées avec la biodégradabilité élevée des huiles végétales lorsqu'elles pénètrent dans le sol ou les ressources en eau [6].

Les technologies de production d'huiles végétales à partir de différentes graines oléagineuses sont presque identiquesLes déchets d'huiles de maïs, de lin, de colza et autres sont physiquement et chimiquement comparables aux déchets d'huile de tournesol et peuvent également être utilisés pour produire des lubrifiants techniques.

Comme les recherches des auteurs l'ont montré [5-8], le chauffage des déchets de production d'huiles de tournesol et de colza avec un accès à l'air à 300 °C en quelques heures conduit à la formation de produits visqueux qui peuvent servir d'additifs visqueux et anti-usure, et également servir de base pour les graisses plastiques ou les analogues des huiles de transmission. (Tableau 7.1)

Tableau 7. 1. Caractéristiques physico-chimiques des produits obtenus lors de l'oxydation et de la polymérisation des déchets de production d'huiles de tournesol (PM) et de colza (RM) à 300°C

Indicateurs	déchets PM			Déchets RM		
	0 heure	2 heures	8 heures	0 heure	2 heures	8 heures
Viscosité cinématique à 100°C, mm2/s	11,5	7,0	28,4	1,8	2,02	50,2
Indice d'acidité, mg KON/g	22,0	23,0	24,0	36,0	37,1	38,8
Température de solidification, °C	-7	-7	-5	-5	-4	-2
Diamètre de la zone d'usure, mm	0,23	0,22	0,22	0,24	0,23	0,21

Lorsqu'ils sont chauffés à 300°C avec un accès à l'air, les déchets de PM et PM sont transformés en deux heures en produits hautement visqueux compatibles avec les huiles minérales et végétales et capables d'augmenter leur viscosité et d'améliorer leur pouvoir lubrifiant. Ainsi, l'addition de 3% du produit de l'oxydation et de la polymérisation de l'huile de tournesol (obtenue par chauffage pendant 8 heures) à l'huile industrielle I-20A augmente légèrement sa viscosité, mais entraîne une augmentation significative (20%) des propriétés lubrifiantes de cette huile, estimée par le diamètre de la tache d'usure sur la machine à friction (Tableau 7. 2).

Tableau 7.2. Influence de l'addition de 3% de la fraction polymérisée des déchets de production d'huile de tournesol sur les propriétés de l'huile industrielle I-20A

Indicateurs	I-20A	I-20A avec 3% d'additif PM
Viscosité cinématique à 40°C, mm2/s	31,0	35,0
Point d'éclair dans le creuset ouvert, ° C	200	205
Température de solidification, °C	-15	-14
Indice d'acidité, mg KON/g	0,03	0,1
Diamètre de la zone d'usure, mm	0,32	0,26
La couleur, la nourriture.	2,0	3,5

C'est-à-dire, les produits de traitement des déchets de la production des huiles végétales peuvent trouver l'application comme les additifs visqueux et anti-usure écologiquement purs aux huiles minérales et synthétiques.

Les propriétés des produits d'oxydation et de polymérisation à plus faible viscosité cinématique (de 15 à 20 mm / s à 100°C) permettent leur utilisation comme analogue de la lubrification de transmission dans les unités à faible charge.

Des essais au banc d'essai de ces produits issus du traitement des déchets d'huile de tournesol dans une boîte de vitesses à faible charge ont montré qu'ils peuvent constituer une alternative efficace aux huiles d'engrenages des groupes d'exploitation TM-2, 3.

Si les déchets sont chauffés pendant une période plus longue, on peut obtenir des graisses à partir de ces déchets. Ainsi, le chauffage des déchets de production d'huile de colza pendant 8-10 heures à 300°C les transforme en un produit plastique aux caractéristiques comparables à celles d'une graisse d'usage général - le solidol (tableau 7. 3).

Tableau 7. 3. Caractéristiques physico-chimiques du produit plastique d'oxydation et de polymérisation des déchets d'huile de colza

Indicateurs	Temps de chauffe des déchets RM			Solidol
	0 heure	8 heures	10 heures	
Viscosité cinématique à 100°C, mm2/s	11,8	60,2	70,1	83,4
Indice d'acidité, mg KON/g	36,0	40,0	41,0	2,8
Température de solidification, °C	-5	-2	+10	+25
Diamètre de la zone d'usure, mm	0,24	0,21	0,21	0,21
Température de goutte à goutte, ° C.	-	-	80-90	85-105

En même temps, le principal inconvénient des huiles végétales limitant leur large utilisation comme base pour les graisses techniques est la présence de mélanges spécifiques d'origine végétale.

Les méthodes existantes de purification de l'huile et les équipements pour leur mise en œuvre ne permettent pas aux entreprises agricoles de résoudre les problèmes liés à l'utilisation dans leur propre production de lubrifiants écologiques à base de produits d'origine végétale.

Les auteurs [6] ont développé une nouvelle méthode pour nettoyer la partie liquide des déchets de production des huiles de tournesol, de maïs et de colza des impuretés indésirables, avec la production d'une huile dont les caractéristiques sont proches de la base des huiles minérales. Le "point fort" de cette méthode est l'activation des processus de coagulation de l'eau, qui peut également être utilisée pour nettoyer les huiles végétales techniques des impuretés qui sont indésirables lorsqu'elles sont utilisées dans les systèmes de lubrification.

Sur la base des procédés innovants développés pour l'élimination des impuretés, une installation de nettoyage des huiles végétales et des déchets de leur production a été créée [9]. Le nettoyage est effectué à l'aide d'un coagulant disponible pour obtenir des produits ayant des températures de durcissement plus basses, des propriétés de lubrification améliorées et une faible capacité de moussage.

Les essais au banc ont montré que les analogues des huiles hydrauliques et de transmission et des graisses plastiques, à base d'huiles de tournesol et de colza, obtenus dans [7], dépassent par leurs propriétés tribologiques les huiles végétales d'origine et les déchets de leur production et sont similaires aux graisses à huile commerciales.

Suite à des essais opérationnels comparatifs de compositions lubrifiantes à base d'huiles végétales et à base d'huile dans les unités de transmission et les systèmes hydrauliques des tracteurs, la possibilité de remplacer les huiles minérales par des compositions d'huiles végétales ou des déchets de leur production a été établie.

En général, l'introduction de procédés technologiques peu coûteux, adaptés aux conditions du complexe agro-industriel, pour l'obtention d'huiles et de graisses écologiques à partir de déchets de production d'huiles végétales permet de réduire la consommation de lubrifiants traditionnels d'origine pétrolière et, par conséquent, de diminuer leur impact négatif sur l'environnement tout en fournissant les conditions de base pour les lubrifiants modernes.

Les déchets de raffinage des huiles végétales, qui comprennent jusqu'à 42 % de composants gras, dont les principaux sont des acides gras insaturés (AGI), sont également une matière première prometteuse pour la production de sels d'AGI [10]. Ce dernier peut devenir une alternative "verte" compétitive aux stabilisants synthétiques du PVC, en particulier le stéarate de calcium. En outre, les déchets d'huile végétale contiennent des phospholipides, qui peuvent également avoir un effet positif sur les processus de stabilisation du PVC [11].

Dans les travaux [11], les déchets de raffinage de l'huile ont été utilisés comme matière première pour les composants gras, caractérisés par les indicateurs suivants : en % en masse : graisse totale - 46, y compris les acides gras libres - 35, graisse neutre - 7 ; humidité - 42 ; phospholipides - 2 ; savons - 7 ; substances non lavées et cireuses - 3. Les auteurs [11] ont obtenu des sels de calcium et de zinc d'acides gras à la suite de transformations chimiques de ces déchets.

Les auteurs [12] décrivent un procédé en deux étapes pour obtenir des sels de zinc d'acides gras. Dans la première étape, ils ont effectué l'hydrolyse alcaline des composants gras des déchets de raffinage de l'huile de tournesol avec une solution d'hydroxyde de sodium, dans la deuxième étape - le processus de décomposition par échange des sels de sodium avec du chlorure de zinc. Les conditions optimales de rendement du produit cible ont été établies : température du processus 80 - 90°C, concentration d'hydroxyde de sodium 8-12 %, surplus d'alcali pas moins de 0,2-0,3 %, ajout de chlorure de zinc au niveau stœchiométrique. Les sels de zinc des acides gras obtenus dans ce travail ont les caractéristiques suivantes : point de fusion 65-70 °C, humidité 1%, volatilité 1,1%, fraction massique du zinc 10-11%.

Les essais des sels de zinc d'acides gras supérieurs obtenus dans la formulation d'un mélange de caoutchouc pour le caoutchoutage du casse-cordes métallique des pneus radiaux de tourisme ont montré que leur utilisation permet d'obtenir les propriétés des caoutchoucs vulcanisés au niveau des caoutchoucs standards.

L'évaluation [11] de la capacité de thermostabilisation des sels de calcium et de zinc des acides gras par les auteurs a montré qu'ils ont une activité plus élevée en comparaison avec le stéarate de calcium industriel. Dans ce cas, le plus grand effet a un stabilisateur complexe, qui est un sel de calcium et de zinc d'acides gras de la pâte à savon dans un rapport molaire de 1:1. En même temps, les indices de résistance et d'élasticité des matériaux composites en PVC sont supérieurs à ceux d'une composition standard stabilisée par du stéarate de calcium industriel [11].

LISTE DE REFERENCE

1. Gorokhov D.G., Baburina M.I., Ivankin A.N. Modification de la graisse-Déchets dans les biocarburants liquides // Industrie de la viande. - – 2009. - – № 3. - – C. 42-45.

2. Gubanov, A.V. ; Pochernikov, V.I. Aspects scientifiques et théoriques des produits de l'industrie des huiles et des graisses utilisés dans la production de biodiesel (en russe) // Huiles et graisses. - – 2006. - – № 7. - – C. 8-9.

3. Lanetsky V.A. Utilisation rationnelle de l'enveloppe des cultures oléagineuses (en russe) // Maslozhirovaya Promst. - – 2009. - – № 5. - – C. 22-23

4) Tupotilov, N.N. ; Matytsin, G.D. ; Zimin, A.G. Technologies d'obtention des lubrifiants à partir des produits végétaux (en russe) // Technique Vsevolodnykh Vsevolod. - – 2009. - – № 5. - – C. 32-35.

5. Ostrikov V.V. Les huiles végétales comme base pour l'obtention et l'utilisation des analogues des lubrifiants (en russe) / V.V. Ostrikov, N.N. Tupotilov, A.Yu. Kornev, A.G. Zimin// Mécanisation et électrification de l'agriculture. - – №5. - – 2010 – c.11-13.

6. Zimin, A.G. Méthode de nettoyage végétatif des boues d'huile (en russe) / A.G. Zimin, V.V. Ostrikov, N.N. Tupotilov, A.Yu. Kornev, V.S. Vyazinkin - Brevet RF № 2437924, 2010

7. Tupotilov, N.N. Huiles végétales utilisées pour la réduction de l'usure des pièces lubrifiées (en russe) // N.N. Tupotilov, V.V. Ostrikov, A.G. Zimin, I.V. Busin (en russe) // Mékhanisation et électrification de l'agriculture. - – №6. - – 2011 – c.29-30

8. Ostrikov V.V. Les huiles végétales comme base pour l'obtention et l'utilisation des analogues des lubrifiants (en russe) / V.V. Ostrikov, N.N. Tupotilov, A.Yu. Kornev, A.G. Zimin// Mécanisation et électrification de l'agriculture. - – №5. - – 2010 – c.11-13.

9. Ostrikov V.V. Installation pour le nettoyage de l'huile et la préparation des additifs filmogènes aux lubrifiants dans les conditions de consommation / V.V. Ostrikov, G.D.Matytsin, N.N.Tupotilov, A.Yu. Kornev // Technique en agriculture, № 5, 2008, p. 44-49.

10. Kudrina, G.V. Obtention de sels de zinc d'acides gras à partir d'un sous-produit de la production d'huiles végétales [Texte] / G.V. Kudrina, M.V. Yenutina, Yu. Actes de la Conférence internationale " Recherche scientifique de l'école supérieure sur les domaines prioritaires de la science et de la technologie ", 2008. - № 6 - c. 104-105.

11. B. V. Kalmykov, GV Kudrina, AY Vorotyagin. Influence des produits d'origine oléochimique sur les propriétés des milieux condensés et des limites interphasiques des plastiques PVC, Volume 12, No. 2, 2010C. 123—127

12. S.A.Nagornov, D.S.Dvoretsky, S.V.Romantsova, V.P.Tarov. Techniques et technologies de production et de traitement des huiles végétales. Maison d'édition Tambov GOU VPO TSTU 2010, 53c.

12. Kudrina, G.V. Application des sels d'acides gras dans les caoutchoucs sur la base des déchets de la production végétale// Problèmes modernes de la science et de l'éducation. - – 2009. - – № 7. ; c27-32.

CONCLUSION

Les déchets agricoles sont intéressants comme alternative potentielle aux matières premières fossiles pour la production de carburants et de produits chimiques parce qu'ils ont une base renouvelable annuelle, sont produits en grandes quantités, sont non toxiques, suffisamment disponibles, ont un faible coût et une riche composition en lignocellulose.

L'industrie chimique est intéressante :

- Déchets de caoutchouc naturel - Huile de caoutchouc (RTO) et ses dérivés fonctionnalisés et composants non caoutchouteux contenus dans le soufre après coagulation du latex naturel ;

- un sous-produit du traitement de l'industrie des huiles et des graisses - le concentré de phospholipides (PLC) ;

un sous-produit de l'industrie de transformation de la volaille - l'hydrolysat de protéine de kératine (KPB) ;

- Déchets de céréales - balles (cosses) de sarrasin, de millet et de riz ;

Les systèmes protéino-lipidiques isolés à partir du soufre du latex de caoutchouc naturel et les complexes protéino-lipidiques à base de FLC et de GKB sont des modificateurs prometteurs du polyisoprène synthétique et du caoutchouc à base de celui-ci. L'introduction de composants non caoutchouteux dans les mélanges de caoutchouc à base de SKI-3 permet d'augmenter considérablement la résistance à la déchirure du caoutchouc. L'utilisation de complexes protéino-lipidiques contribue à l'augmentation de la résistance à la traction conditionnelle des vulcanisateurs à base de SKI-3, de la résistance à la déchirure, de la force d'adhérence (entre les couches "caoutchouc-tissu" et "métal-caoutchouc").

L'huile est extraite des grains de caoutchouc principalement par deux méthodes : l'extraction par solvant et le pressage. En même temps, le rendement du MKD augmente avec la diminution de la taille des grains et dépend fortement de la température du processus.

L'huile de caoutchouc et ses dérivés époxy présentent un intérêt pratique en tant que modificateurs pour les compositions de chlorure de polyvinyle, le caoutchouc à base de caoutchouc synthétique et naturel et les matériaux époxy.

Ce sous-produit de caoutchouc naturel peut également être utilisé avec succès pour produire du biodiesel, des formulations de soins de la peau, des lubrifiants, des résines alkydes pour les peintures, des détergents, des acides gras supérieurs, etc. MKD peut en principe remplacer l'huile de lin dans la production de linoléum naturel.

L'huile de caoutchouc améliore la résistance au vieillissement, la résistance à l'abrasion et l'élasticité du caoutchouc, et réduit le temps de vulcanisation dans certaines formulations.

Le MKD époxydé peut être un stabilisateur très efficace des matériaux en chlorure de polyvinyle et un modificateur des compositions époxy. Dans ce dernier cas, il améliore les propriétés antifriction et augmente la résistance à l'usure des revêtements.

Les déchets de la production de sarrasin, de millet et de riz, par leur composition chimique, conviennent à l'obtention de polysaccharides, de cellulose, de colorants, de furfurol, de charges pour composites polymères et matériaux de construction, etc.

Lors de l'utilisation de déchets de millet perlé et de sarrasin comme charge de polyéthylène, on constate une réduction de la densité, une résistance accrue à la flexion, une résistance à la chaleur et une résistance au fluage des compositions à base de ces déchets.

Selon l'analyse de la littérature, les balles de riz peuvent être utilisées pour l'obtention :

- d'énergie, de vapeur et de gaz, par la combustion ;

- de divers composés de silicium ;

- les acides acétique, phytine et oxalique ;

- des charges fibreuses pour des compositions de caoutchouc et d'époxy,

- des catalyseurs à haute activité pour les procédés de synthèse chimique et pétrochimique, etc.

Les cendres de balle de riz sont une source précieuse de silice amorphe, ainsi que de matériaux contenant du silicium et du carbone avec des caractéristiques de sorption élevées, non inférieures aux sorbants classiques.

La cendre de balle de riz peut également présenter un intérêt pratique pour la synthèse de la vollastonite artificielle.

Cependant, malgré le grand potentiel d'innovation, l'orientation de l'utilisation des déchets de culture comme matière première dans notre pays n'a pas été mise en pratique à l'échelle industrielle.

Cela rend pertinente la poursuite des recherches dans ce domaine, le développement et la mise en œuvre de méthodes efficaces pour l'obtention de matériaux pour l'industrie chimique à partir de déchets agricoles.

I want morebooks!

Buy your books fast and straightforward online - at one of world's fastest growing online book stores! Environmentally sound due to Print-on-Demand technologies.

Buy your books online at
www.morebooks.shop

Achetez vos livres en ligne, vite et bien, sur l'une des librairies en ligne les plus performantes au monde!
En protégeant nos ressources et notre environnement grâce à l'impression à la demande.

La librairie en ligne pour acheter plus vite
www.morebooks.shop

KS OmniScriptum Publishing
Brivibas gatve 197
LV-1039 Riga, Latvia
Telefax: +371 686 204 55

info@omniscriptum.com
www.omniscriptum.com